北京大学精神卫生研究所 WHO 2010—2011 年度项目
北京大学精神卫生研究所 WHO 2012—2013 年度项目
2018 年度北京大学继续教育精品项目

灾后心理危机干预演练式培训手册

主　审　于　欣　黄宣银

主　编　马　弘　程文红　谢永标　黄国平

副主编　柯晓燕　林　红　梁光明　许俊亭

北京大学医学出版社

ZAIHOU XINLI WEIJI GANYU YANLIANSHI PEIXUN SHOUCE

图书在版编目（CIP）数据

灾后心理危机干预演练式培训手册 / 马弘等主编. —北京：北京大学医学出版社，2024.1

ISBN 978-7-5659-2907-6

Ⅰ. ①灾… Ⅱ. ①马… Ⅲ. ①灾害 - 心理干预 - 手册 Ⅳ. ① B845.67-62

中国国家版本馆 CIP 数据核字（2023）第 081877 号

灾后心理危机干预演练式培训手册

主　　编：	马　弘　程文红　谢永标　黄国平
出版发行：	北京大学医学出版社
地　　址：	（100191）北京市海淀区学院路 38 号　北京大学医学部院内
电　　话：	发行部 010-82802230；图书邮购 010-82802495
网　　址：	http://www.pumpress.com.cn
E-mail：	booksale@bjmu.edu.cn
印　　刷：	北京信彩瑞禾印刷厂
经　　销：	新华书店
责任编辑：刘　燕	责任校对：靳新强　　责任印制：李　啸
开　　本：	889 mm×1194 mm　1/16　　印张：14.5　　字数：216 千字
版　　次：	2024 年 1 月第 1 版　2024 年 1 月第 1 次印刷
书　　号：	ISBN 978-7-5659-2907-6
定　　价：	88.00 元

版权所有，违者必究

（凡属质量问题请与本社发行部联系退换）

编者名单

主　　审　于　欣　黄宣银

主　　编　马　弘　程文红　谢永标　黄国平

副 主 编　柯晓燕　林　红　梁光明　许俊亭

编　　者　（按姓氏汉语拼音排序）

　　　　　程文红　上海市精神卫生中心
　　　　　何　鸣　杭州中兴医院
　　　　　黄国平　四川省精神卫生中心
　　　　　蒋健昌　佛山市南海区人民医院（华南理工大学附属第六医院）
　　　　　柯晓燕　南京医科大学附属脑科医院
　　　　　李　娜　成都师范学院心理健康教育中心
　　　　　梁光明　沈阳市精神卫生中心
　　　　　梁晓琼　四川省精神卫生中心
　　　　　林　红　北京大学第六医院
　　　　　马　弘　北京大学第六医院
　　　　　牟晓洁　澳大利亚维多利亚州政府家庭、公平和住房部
　　　　　　　　　Department of Families, Fairness and Housing, Victorian Government, Australia
　　　　　石　川　北京大学第六医院
　　　　　王晓明　华中科技大学中国故事创意传播研究院，湖北六和那迦文化
　　　　　文　红　四川省精神卫生中心
　　　　　向　虎　四川省精神卫生中心
　　　　　谢永标　广东省人民医院
　　　　　徐福山　深圳市康宁医院
　　　　　许俊亭　大连市第七人民医院
　　　　　杨　辉　重庆市精神卫生中心
　　　　　袁　茵　成都市第四人民医院
　　　　　张秋凌　中科院浙江数字内容研究院生命成长研究室
　　　　　赵　红　四川省精神卫生中心
　　　　　钟意娟　陕西省（西安市）精神卫生中心

参与本书编写工作的研究生

　　　　　王荣科　杨先梅　尚凡红　范云歌　王祎然　杜春雨　谢晨妹

学术秘书　许　婷　北京市朝阳区第三医院
　　　　　陈蔚然　北京大学第六医院

序 一

《灾后心理危机干预演练式培训手册》终于付梓，真是可喜可贺。在过去20多年里，中国的灾后心理危机干预工作从蹒跚学步到经验输出，进步可谓惊人，其发展过程本身就值得做一个案例研究。见微知著，可以管窥为什么一个不太受重视的临床学科中的亚专科变成了每次有灾有难时的不二之选，例如，心理救援队使用的"到达就是支持"就充分显示了灾难发生时社会心理支持的特性。

"应激可以导致精神疾病"，人们对此的认知远早于现代精神病学的开端。但是，急性应激所导致的各类精神障碍的诊断与分类，乃至针对这类精神障碍的心理干预技术，却是比较晚近才建立起来的，个中原因也比较复杂。应激如果与国家行为有关，那么应激相关精神障碍的认定，例如战争导致的创伤后应激障碍，就会牵扯到医疗保险支付和国家赔偿政策，确立诊断时当然会慎之又慎。而对于药物或者心理干预手段，又因应激事件特别是灾难多事发突然，且受限于伦理准则，很难进行高质量的医学研究，自然也无法提供循证医学证据。好在从另一条路径也能走得通，这条路径就是实践出真知。本书的作者团队除了有自己的研究证据外，更多的是依赖一手经验。

编写过书的人都知道，撰写参考书和教科书都不算难事，但是如果写一本工作手册，则难度就不一样了。因为工作手册不单单是对既往行之有效的工作经验的提炼，还需要用清晰简洁的文字，使其变成其他人可以学习、借鉴并用于实践的行动指南。本书主编马弘医生多年前偶然踏入这个领域，此后每逢大灾小情，她几乎次次不落，一路摸爬滚打，自成大家。兼之马弘医生在国际上交往广泛、博采众长，又与国内多个团队合作，上与高层对话，下与灾民互动，深谙国情，因此本书的先进性与实操性俱佳。以往本书的内容以培训教材的形式用于多个不同层级的培训班，且教且改，终成书稿，相信对读者来说这是一本可以看着学、看着用的好书。

于 欣

北京大学第六医院 / 北京大学精神卫生研究所

序 二

《灾后心理危机干预演练式培训手册》是由我国危机干预领域著名专家——北京大学第六医院马弘教授牵头，并联合多位专家编写的。本书是在国内10多年来对重大灾难进行危机干预的摸爬滚打过程中，以实操为基础，又与该领域的国际前沿知识和经验相联结，自成体系地发展起来的一本中国本土化教课书级别的手册。

急性应激障碍和创伤后应激障碍在20世纪80年代才进入精神疾病诊断手册，当时中国正处于改革开放而大量吸收世界上先进知识的时期，所以在这个领域中国与发达国家之间的差距并不太大。马弘教授也是在这个时期接受了正规的医学和精神医学训练。由于马弘教授及其所在团队享有广泛的国内外资源，再加上有多年灾后心理危机干预的实践经验，这本手册的起点极高。

从本书中可以看到灾后心理危机干预的组织管理、协作机制、重点人群干预和自我保护等的原则和操作流程。特别难能可贵的是，2013年，编写组将本书内容翻译成英文，在北京对WHO西太区的16个国家和地区的相关人员进行了培训，受到了WHO专家的好评。2014年，本书编写组在云南进行了培训预试验，并以定性和定量相结合的方法对"灾后心理危机干预操作流程"等进行了研究。研究结果证实了操作流程的可行性。另外，诸多案例为这本流程式的教科书注入了对生命的感受，可使受训者在程序化的操作中关注个体生命的不同，增加对个体生命共情的理解。

中国自古以来就是一个自然灾害多发的国度。本书编者们花费了10多年的心血才完成了这本书的编写，本书是在现实指导工作中发展起来的，相信本书的出版能为未来的危机干预工作提供政府参考，并成为精神卫生行业进行危机干预的专业指南，真正体现习近平总书记所强调的"人民至上"，也希望本书有机会能被翻译成其他文字，造福其他国家的人民。

童　俊　华中科技大学同济医学院附属武汉精神卫生中心

2023年4月5日

前　言

本书从动意到正式与大家见面正好有 13 年。所有参与编写的人都不明白我为什么拖拖拉拉地不肯正式出版。这期间各种培训班很多次用这本书当教材。2017 年继续医学教育课程也采用本书作为教材，并且本书还被荣幸地评为 2018 年度北京大学继续教育精品项目。本书的出版还得到了科技冬奥项目"跨区域一体化核生化应急医学救援体系研究（SQ2021YFF030245）"中课题 3 "核生化事件群体心理应激的评估与干预技术（2021YFF0307303）"的资助。为此，我们结合 2022 年北京冬奥会的特点对本书进行了针对性的改编，服务了冬奥会。

本书的思路起自 2008 年汶川地震之后一起在四川进行心理危机干预的团队，团队成员来自全国各地。大家先是受国家卫生部的派遣在四川不同的极重灾区工作，后来又连续承接了联合国人口基金（United Nations Population Fund，UNFPA）及联合国开发计划署（The United Nations Development Programme，UNDP）等数个灾后项目。在将近 3 年的工作中，我们发现国内教材缺乏教授灾后心理救援中具体要"干什么"的流程和"怎么干"的细节。于是，根据联合国机构间常设委员会（United Nations Inter-agency Standing Committee，UNIASC）出版的《紧急事件精神卫生和心理社会支持指南》，开发一本适合中国国情的培训教材成为大家的共同心愿。

北京大学第六医院（以下简称"北大六院"）是世界卫生组织（World Health Organization，WHO）在中国的研究培训机构。我们幸运地申请到了 WHO 在中国的两个双年度项目经费，开发完成了本书初稿。第一个双年度项目是 2010—2011 年的"灾后基本精神卫生服务需要、提供方式与组织间协调机制研究"（Study on post disaster basic mental health service needs, supply and inter-agency collaboration）。编写团队在四川震区对灾后救援的组织管理、协作机制，特别是与心理救援有关的部分进行了深入、仔细的调查和梳理，编写出了这本教材的流程部分，并根据既往教材中缺乏管理和自我保护的情况，将流程分为管理、重点人群干预和自我保护三个部分。

另一个双年度项目是2012—2013年北大六院申请到的WHO项目——"西部地区灾后精神卫生服务人力资源建设研究与实施"（Research and implementation on human resources construction for post-disaster mental health service in western China）。编写组结合2010—2011年玉树震后心理救援项目，进一步开发了与流程对应的系列工具包和培训案例集，并编写了《灾后心理危机干预教师手册》。2013年10月，作为该双年度项目最后一个子项目，编写组将教材译成英文，在北京对WHO西太区的16个国家和地区进行了培训，并受到了WHO专家的好评。

为了验证本教材在中国的培训效果，2014年，编写组在云南进行了培训预试验。北大六院硕士研究生许婷对预试验和之后在福建和广东等地进行的培训进行了评估研究，以定性和定量相结合的方法对"灾后心理危机干预操作流程"和配套工具包以及理论授课与情景演练相结合的培训方法进行了研究。在培训前、培训后及8个月后，对学员的知识掌握水平、能力感、应用行为及结果四个方面进行了效果评估，证明了灾后心理危机干预操作流程的情景演练式培训既可以整套使用，也可以抽取各类别的操作流程综合使用，为之后的推广和完善灾后心理危机干预操作流程情景演练式培训提供了科学依据。

2016年开始，编写组在本书不断的培训和使用中，对本书流程中的步骤进行了逐一对应到工具包的各个章节。逐一对应调整后，在使用中反倒有被细节所累的感觉。2018—2019年，在新冠肺炎疫情发生前我们都没有想好如何调整。

2020年开始，本编写组的成员先后参与了援鄂医疗队和各地的心理救援工作，我们本想将这些经验补充进来。但时至2022年，本次全球疫情依然没有结束。而在这3年中，用本教材开展的培训一直没有间断，只是补充了疫情相关案例，但还是感觉到原则性的内容依然适用。从完成初稿到现在，本书前后经历了各种灾难事件，并被不断使用，其适用价值也算是经过时间的考验了，证明它的原则性内容至少可以为大家提供一些实操指导。再加上至今在国内未见类似手册出版，也有同行不断向我们索要材料，我们感觉正式出版的时机到了。

在使用本教材期间，大家都亲切地称它"大队长培训"，目的是希望当灾难来临时，我国能有一批具有组织领导能力的专业人员。他们不仅能带领队伍上前线，而且知道如何组织开展灾后心理援助工作，并能保护自己的队员。

12年来有很多同道和研究生参与了本书的开发和使用过程，包括前期调研、流程梳理、文字编写、案例提供、培训方式改良及效果评估等。大家用高度的热情、耐心和专业精神，在参与各种灾后心理救援工作的同时坚持编写和试用。再次感谢12年来一起战斗过的所有同道，感谢一直支持我们的各位领导、工作单位和国际组织。

我们不喜欢灾难，但我们希望在灾难来临时能有所准备，因为人类本身就是在灾难的磨砺中成长的。未来灾难还将继续，欢迎大家对本书提供来自实践的宝贵建议与经验。

北京大学第六医院/北京大学精神卫生研究所　马弘

2024年元旦

二维码资源目录

请扫描以下二维码获取增值服务。

文件号	名称	页码
1	《灾后心理危机干预演练式培训手册》情景演练式培训项目评估报告	3
2	流程讲解 4-1	31
3	流程讲解 4-2	34
4	流程讲解 4-3	36
5	流程讲解 4-4	39
6	流程讲解 4-5	42
7	流程讲解 4-6	45
8	流程讲解 4-7	48
9	流程讲解 4-8	52
10	流程讲解 4-9	55
11	流程讲解 4-10	58
12	流程讲解 4-11	61

目 录

第一部分 编写介绍

第1章 开发编制目的及过程 …………………………………………… 2

第2章 流程培训及演练方式 …………………………………………… 5

第3章 操作流程和工具包介绍 ………………………………………… 6

第二部分 干预流程

第4章 灾后心理危机干预操作流程 …………………………………… 7

流程4-1 灾后精神卫生机构心理危机干预队组织流程 ………… 7

流程4-2 对口支援灾区心理危机干预医疗队工作流程 ………… 9

流程4-3 灾后志愿者组织与管理操作流程 ……………………… 11

流程4-4 因灾死亡者亲友心理危机干预操作流程 ……………… 13

流程4-5 本地治疗因灾受伤人员心理危机干预操作流程 ……… 15

流程4-6 异地治疗因灾受伤人员心理危机干预操作流程 ……… 17

流程4-7 受灾儿童青少年心理危机干预操作流程 ……………… 19

流程4-8 受灾群众心理危机干预操作流程 ……………………… 21

流程4-9 参与救援的受灾群众心理危机干预操作流程 ………… 23

流程4-10 灾后专业救援人员心理危机干预操作流程 …………… 25

流程4-11 灾后心理危机干预人员自我照料操作流程 …………… 27

第三部分　灾后心理危机干预演练指南

第 5 章　灾后心理危机干预队组织演练指南 ………………………………… 29
第一节　灾后精神卫生机构心理危机干预队组织流程 ………………………… 29
第二节　对口支援灾区心理危机干预医疗队工作流程 ………………………… 32
第三节　灾后志愿者组织与管理操作流程 ……………………………………… 35

第 6 章　受灾人群心理危机干预演练指南 ………………………………… 38
第一节　因灾死亡者亲友心理危机干预操作流程 ……………………………… 38
第二节　本地治疗因灾受伤人员心理危机干预操作流程 ……………………… 41
第三节　异地治疗因灾受伤人员心理危机干预操作流程 ……………………… 43
第四节　受灾儿童青少年心理危机干预操作流程 ……………………………… 46
第五节　受灾群众心理危机干预操作流程 ……………………………………… 49
第六节　参与救援的受灾群众心理危机干预操作流程 ………………………… 53

第 7 章　救援人员心理危机干预演练指南 ………………………………… 57
第一节　灾后专业救援人员心理危机干预操作流程培训要求 ………………… 57
第二节　灾后心理危机干预人员自我照料操作流程 …………………………… 60

第四部分　工具包

第 8 章　工具包 1：灾后心理危机干预医疗队的组织管理 …………………… 63
第一节　物资准备 ………………………………………………………………… 63
第二节　医疗队的组建 …………………………………………………………… 66
第三节　制订工作计划 …………………………………………………………… 69
第四节　培　训 …………………………………………………………………… 72
第五节　安全防护 ………………………………………………………………… 73
第六节　医疗队队员的内部督导 ………………………………………………… 75
第七节　媒体工作 ………………………………………………………………… 78

第9章　工具包2：切入技术与沟通技巧 ········· 82
第一节　切入原则 ········· 82
第二节　切入前的准备 ········· 83
第三节　切入技术建议 ········· 84
附：切入案例分享 ········· 94

第10章　工具包3：灾后大众心理危机干预技术 ········· 99
第一节　心理急救技术与实施 ········· 99
附：心理急救 ········· 103
第二节　灾后自杀危机干预 ········· 119
第三节　团体干预 ········· 125
第四节　眼动脱敏与再加工 ········· 131
第五节　放松训练 ········· 134
第六节　稳定化技术 ········· 138
第七节　哀伤辅导技术 ········· 140
第八节　心理康复技术 ········· 142

第11章　工具包4：灾后大众心理健康教育 ········· 146
第一节　儿童更易受到灾难的伤害 ········· 146
第二节　老年人群的心理支持——渡过心理危机，重树生活勇气 ········· 149
第三节　如何走出丧亲之痛 ········· 150
第四节　受灾群众的自我保护 ········· 152
第五节　因灾致残人员的心理支持——扶助共进、真挚关爱 ········· 154
第六节　灾后常见心理反应 ········· 156
求助宣传 ········· 161

第12章　工具包5：志愿者管理与培训 ········· 166
第一节　志愿者的组织管理 ········· 166
第二节　灾后志愿者自我心理防护 ········· 171

第 13 章　工具包 6：灾后心理状况的评估实施　174
- 第一节　评估的实施　175
- 第二节　常用心理状况评估工具　177

第 14 章　工具包 7：因灾受伤人员心理支持　190
- 第一节　因灾受伤人员的发现和转移过程中的心理支持　190
- 第二节　医院床旁心理支持　192
- 第三节　常用心理支持技术简介　196

第 15 章　工具包 8：灾后儿童青少年的心理支持　199
- 第一节　总体原则　199
- 第二节　儿童青少年的心理评估　200
- 第三节　儿童青少年特殊心理问题处理　202
- 第四节　儿童青少年常用心理干预技术　206
- 第五节　儿童照料必备技能培训　208

第一部分　编写介绍

没有人喜欢灾难，也不愿意编写这样的流程，但中国地理面积广大，地势复杂；人口众多，社会活动多样；气象百变，各类灾难时有发生。我们希望这本将灾后心理危机干预的组织管理与主要干预技术串接成流程、分类成工具包并配以实际案例的教材，能使用在灾前的培训和演练中，使越来越多的专业人员了解灾后心理危机干预与日常医疗工作的迥异，熟悉灾后不同情况下服务的组织与开展，掌握主要工作路径与所需的基本知识和技能。在灾难来临时，我们希望能对灾难说：我们不怕，因为我们有准备。

第1章 开发编制目的及过程

开发这套《灾后心理危机干预演练式培训手册》（以下简称流程）和配套的"工具包"系列有三个目的：

第一，随着全球的气候变化，各种自然灾难越来越频发。同时，各种与人类活动范围扩大和技术难度增加有关的突发事件也不断发生。因为灾难影响的经常不再是一个国家和地区，社会的复原时间越来越长，使灾难心理救援工作时间也越来越长。同时，国际化救援也越来越受到关注（例如，1986年4月26日的切尔诺贝利核电站事故、2004年12月26日的印度洋海啸和2011年日本"3·11"大地震后引发的核泄漏危机）。

第二，对于医学生和心理专业的学生来说，在灾后心理危机干预、特别是特大灾难后的心理危机干预上，他们很难在学校学习期间有实习的机会。当他们工作以后，在灾难现场处理以人群为对象的心理应激，则在环境和组织上与在医疗机构处理个案不同。从技术层面来说，灾区的个案与医疗机构的个案没有什么不同，但是如何在紧急情况下将心理危机干预工作开展起来，同时保护自己尽量不受伤害，则是我们共同面临的挑战。2013年5月1日开始实施的《中华人民共和国精神卫生法》第十四条规定，政府制订的突发事件应急预案中应当包括心理援助的内容。发生突发事件时，按预案开展心理援助工作。

第三，灾难的发生几乎是让人猝不及防的。面对紧急情况，专业人员应该做什么，有很多可以参考的资料，但如何去做并没有现成的教材。灾难危机干预重在备灾，只有提前培训、提前演练，才能使专业人员心中有数。即便每次灾难的情况不同，但原则和基本应对方法是一样的。为此，我们收集了我国20年灾难现场心理危机干预的经验，开发了这套流程和相关的工具包。流程图主要回答"应该做什么"及其步骤，工具包回答"应该怎样做"。两者配合使用，将组织管理步骤和关键技术要点串接起来，可以帮助需要的人在最短的时间内熟悉灾后心理危机干预的主要内容及工作流程。

本套流程的开发主要依托 WHO 的两个双年度项目：2010—2011 年和 2012—2013 年项目，项目总负责人为于欣，具体负责人为马弘，项目执行负责人为陈经纬。这两个双年度项目均为灾后心理危机干预项目。自 2010 年起，项目组在四川汶川地震的极重灾区开展了定性调查，共调查访问了 15 家单位 83 人，重点了解了灾后心理危机干预时的组织过程、协调机制和实施流程。在此基础上，项目组进行了文献复习和专家咨询，开始编制本套流程及工具包。

2013 年 2 月，WHO 北京办公室对本项目进行了督导，肯定了项目的进展和产出，提出了具体督导意见，提出了希望将中国经验尽快分享给亚太地区的建议。本套流程及工具包初步完成后，正值 2013 年"4·20"雅安地震发生，部分项目组成员参加了雅安地震后的心理危机干预工作，在现场对本套流程进行了补充。

2013 年 6 月 3 日吉林德惠火灾发生后，项目组具体负责人承担了国家卫生和计划生育委员会心理危机干预医疗队队长的任务，与部分项目组成员一起对本套流程和工具包的健康教育等部分进行了补充。

2013 年 8 月，项目组完成了演练测试版的流程和工具包编制。在国家减灾中心、云南省卫生厅、云南省民政厅和云南省疾病预防控制中心（CDC）的支持下，组织了云南省 8 个市、州级的精神卫生专业人员、民政干部和云南省 CDC 人员共 60 人开展了首次模拟演练。随后，项目组将云南演练反馈的问题逐一修改后形成了流程和工具包演练版。2013 年 9 月，全国有实践经验的专家对该演练版流程和工具包进行了函审和修订。

2014 年，为验证该套教材的效果，项目组在云南开展了预试验。之后北大六院硕士研究生许婷开始针对在云南的预试验以及在福建和广东等地的培训进行评估研究，以定性和定量结合的方法，对"灾后心理危机干预操作流程"、配套工具包以及理论授课与情景演练相结合的培训方法进行了研究。评估结果显示，关于培训的目标、内容、方法、教材及实施过程的满意度均在 80% 以上（见二维码资源《灾后心理危机干预演练式培训手册》情景演练式培训项目评估报告）。整套流程的情景演练式培训在知识掌握水平、能力感、应用行为及应用结果四个方面均有效；操作流程既可以整套培训，也可以抽取部分流程组合培训；培训项目达成了帮助学员快速掌握相关工作流程的目标。学员经过2～3天的培训，掌握了流程和框架，在遇到实际灾难救援任务时，操作流程和工具包可随身携带作为工具书使用。该项目评估结果为推广和完善灾后心理危机干预操作流程情景演练式培训提供了科学依据。

  整个演练式培训手册是本着在灾难发生后，针对需要承担心理救援的人员的两个特点来设计的：一是流程的作用，"让原来不会干的救援人员迅速做到心中有数"；二是让有一定经验的心理救援人员"在操作层面做得更细更好"，这就是工具包的作用。简单地说，就是"让不会干的会干，让会干的做得更好"。项目组期望，让完全没有接受过培训的人，只要带上这套教材，就能了解灾难心理救援的大致流程，做到心中不慌。如果遇到具体问题，还可以进一步查阅工具包寻求帮助。有灾难心理救援经验的人可以参考流程完善工作，并通过工具包丰富救援技巧，了解伦理要求。在该流程和工具包部分完成后，项目组又编写了教师手册，主要采用了项目组成员的实战案例，借鉴了大学教材的体例，并从心理剧的视角，将案例变成了演练式教学内容，使学员可以通过对案例的角色扮演来熟悉流程和工具包的内容。由此最终形成了本书。

第 2 章　流程培训及演练方式

为了增加灾前培训的现场感，提高实战性，本培训采用成人学习方式，通过角色扮演模拟灾后不同情况下针对不同人群的心理危机干预的组织，演练具体实施步骤。

全套流程的培训及演练时间为 3~3.5 天，每半天为一个单元（3~3.5 小时），共需要 6~7 个单元时间。具体培训时间分配为：流程和工具包幻灯讲解 2 个单元，以授课为主；11 个流程的演练可分为 2 天（4 单元），其中学员分组讨论演练案例、制定演练计划 2~3 小时。每个流程的培训和演练时间建议不少于 60 分钟，分为讲课 20 分钟+演练 20 分钟+演练分享 10 分钟+教师或专家点评 10 分钟。最后一个单元建议培训学员现场反馈中最亟需的 1~2 项具体技术以及评估方法。

每个流程均要求按照流程图的步骤进行演练，演练案例需要提前至少半天发至学员手中，方便学员准备。学员每 6~8 个人为一组，用角色扮演的方式演习一个流程，每组只模拟一个流程。模拟时间 20 分钟。演练案例由编写组提供，学员要按照要求分饰其中的角色，会务组和讲员组将在学员演练中担任"临时演员"，模拟真实场景中的临时任务，增加演练的难度，考查学员的应变能力和专业能力。

每个流程演练时其他学员要认真观摩，并在反馈时提出建议和意见。

会务组要提前将基本演练道具准备好，学员可以根据案例自行适当增加道具。

不论是观摩的学员还是点评专家，均建议在反馈时首先肯定成绩，然后再指出不足。

演练原则：从难、从严、从实战。只有平时多流汗，战时才能心中有数，不慌不乱。

第3章　操作流程和工具包介绍

一 操作流程介绍

灾后心理危机干预的重点是在紧急情况下，心理干预需要做什么，以及怎样做。这是近年来越来越多的人思考和提出的问题。开发编制这套流程和相关的工具包主要是想回答这两个以现场工作为主的问题，解决心理危机干预需要的快速响应与既往经验不足之间的冲突，尽量减少现场工作慌乱和无从下手之感。

本套流程第一次以图解的方式呈现了灾后心理危机干预应该做什么（流程）和怎样做（工具包）。

灾后心理危机干预流程分为3个部分、11个流程，其中灾后心理危机干预的组织流程3个，灾后不同人群心理危机干预流程6个，灾后救援人员自身心理保护流程2个。

具体流程见本次培训教材第三部分。

二 工具包介绍

灾后心理危机的评估工具和干预技术有很多。如果不经过灾前培训，真正灾难发生时依然会束手无策，不知哪项技术可以用，哪种工具适合眼前的受灾人员。我们将紧急救援阶段的主要技术和评估工具等进行了分类编排，并增加了特有的切入技术和灾后健康教育。共形成8个工具包，配合流程使用，见第四部分。

第二部分　干预流程

第4章　灾后心理危机干预操作流程

流程4-1　灾后精神卫生机构心理危机干预队组织流程

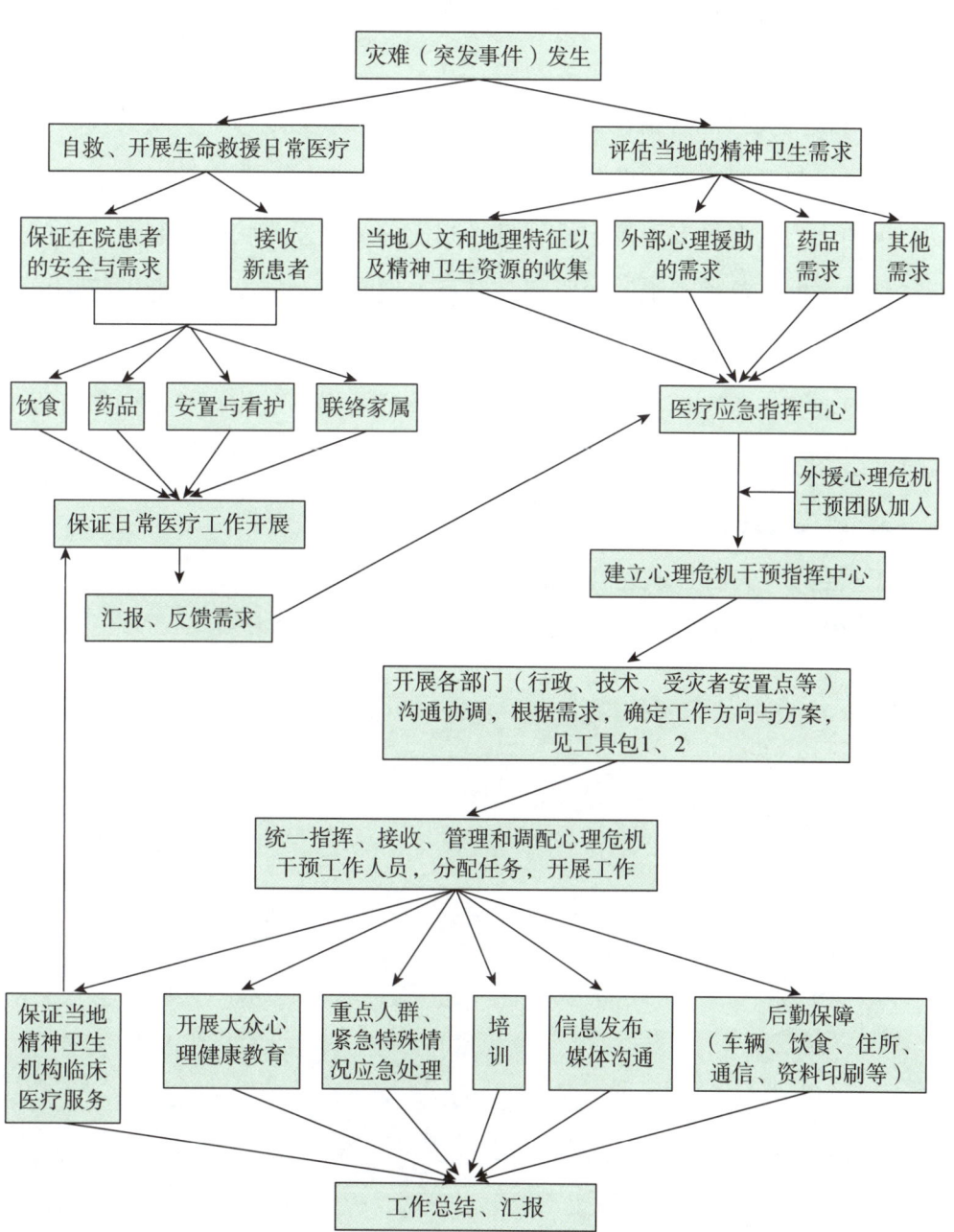

流程说明：

1. 使用人员　受灾当地精神卫生机构中的所有人员；来自灾区的其他救援人员，可能包括当地政府人员、援救人员、医务人员、社区工作者或志愿者。

2. 相关说明　受灾当地的精神卫生机构在突发灾难后承担两部分工作：自身救援和向灾区提供心理卫生服务。首先应保证在安全（住院患者安全和员工自身安全）的前提下开展心理危机干预工作。保证住院患者的安全包含救治和转运伤员、保证患者的基本生存需要和日常用药等。尽快联系指挥部，找到相对封闭的安置点安置住院患者，谨防患者走失或出现意外，并尽可能联系患者家属。

同时，受灾当地的精神卫生机构还要协助对口支援的有关人员开展灾后心理干预，与对口支援的医疗队分享一手信息，提供必要支持。由于灾后可以利用的人力资源具有不确定性，且受到通信和交通等状况的制约，故应遵循"急事先办、就地组织"的原则，对身边现有的人员或志愿者进行简单培训后，补充人力不足。

信息收集、汇总汇报、紧急特殊情况处理及媒体工作在整个操作流程中应贯穿始终。

3. 链接工具包

工具包1"灾后心理危机干预医疗队的组织管理"。

工具包2"切入技术与沟通技巧"。

流程4-2 对口支援灾区心理危机干预医疗队工作流程

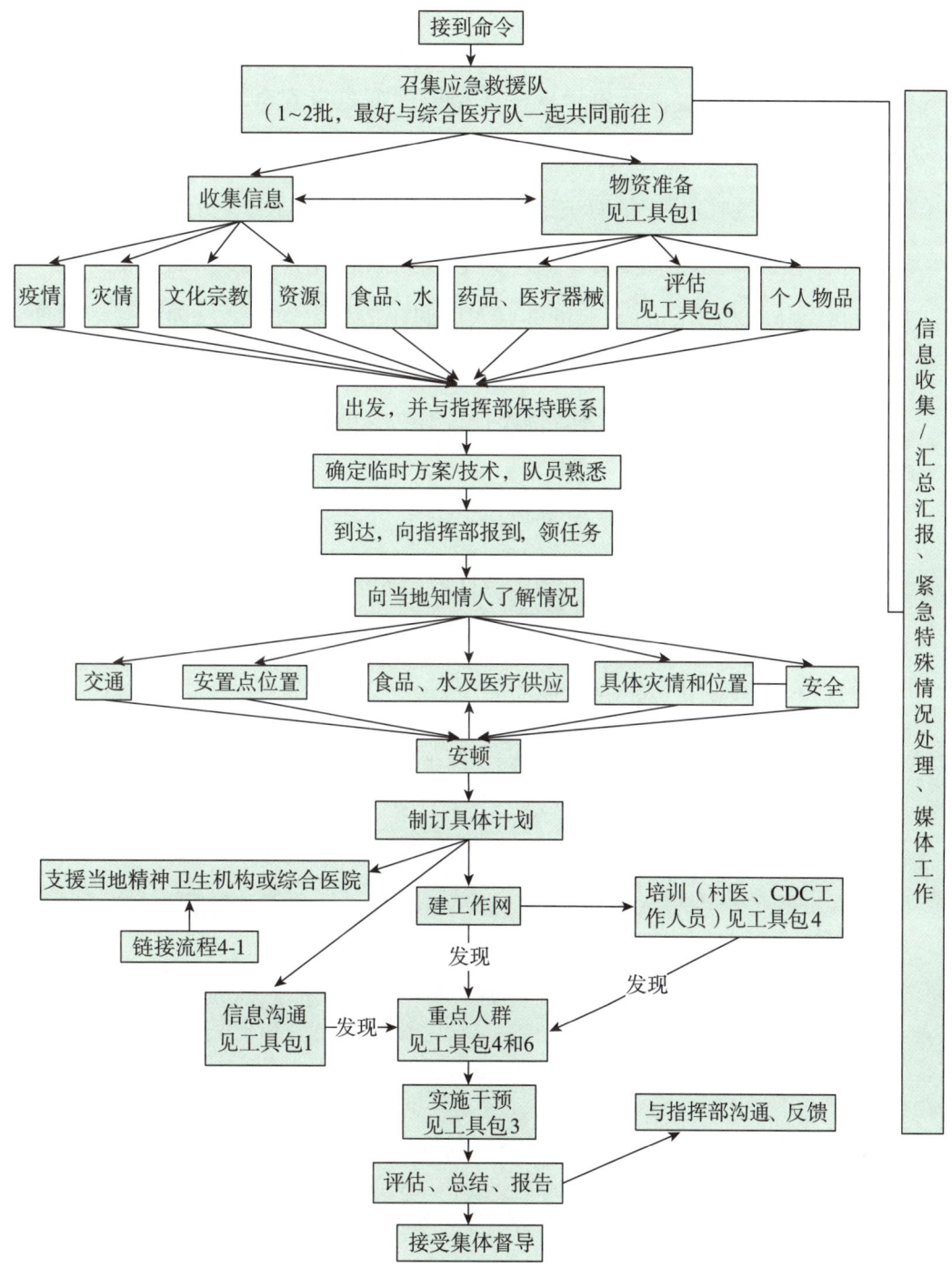

流程说明：

1. **使用人员** 来自非受灾地区的心理危机干预人员，可能包括对口支援的心理危机干预专业队伍、医务人员、其他救援人员和各种援助机构派来的人员等。

2. **相关说明** 支援受灾地区的人员要保证自身安全，做好准备，不给灾区添麻烦。照顾好自己的身体和心理健康，同时需尽可能多地了解受援地的相关信息，特别是与灾情有关的信息，不打无准备之仗。

支援队伍按要求实行属地化的管理，以灾区的需求为工作目标和任务。

支援队伍按指挥部的要求将重点人群的评估和干预结果反馈至当地指挥部，要注意隐私保密。

信息收集、汇总汇报、紧急特殊情况处理及媒体工作在整个操作流程中贯穿始终。

3. **链接工具包**

工具包1"灾后心理危机干预医疗队的组织管理"。

工具包3"灾后大众心理危机干预技术"。

工具包4"灾后大众心理健康教育"。

工具包6"灾后心理状况的评估实施"。

流程4-3　灾后志愿者组织与管理操作流程

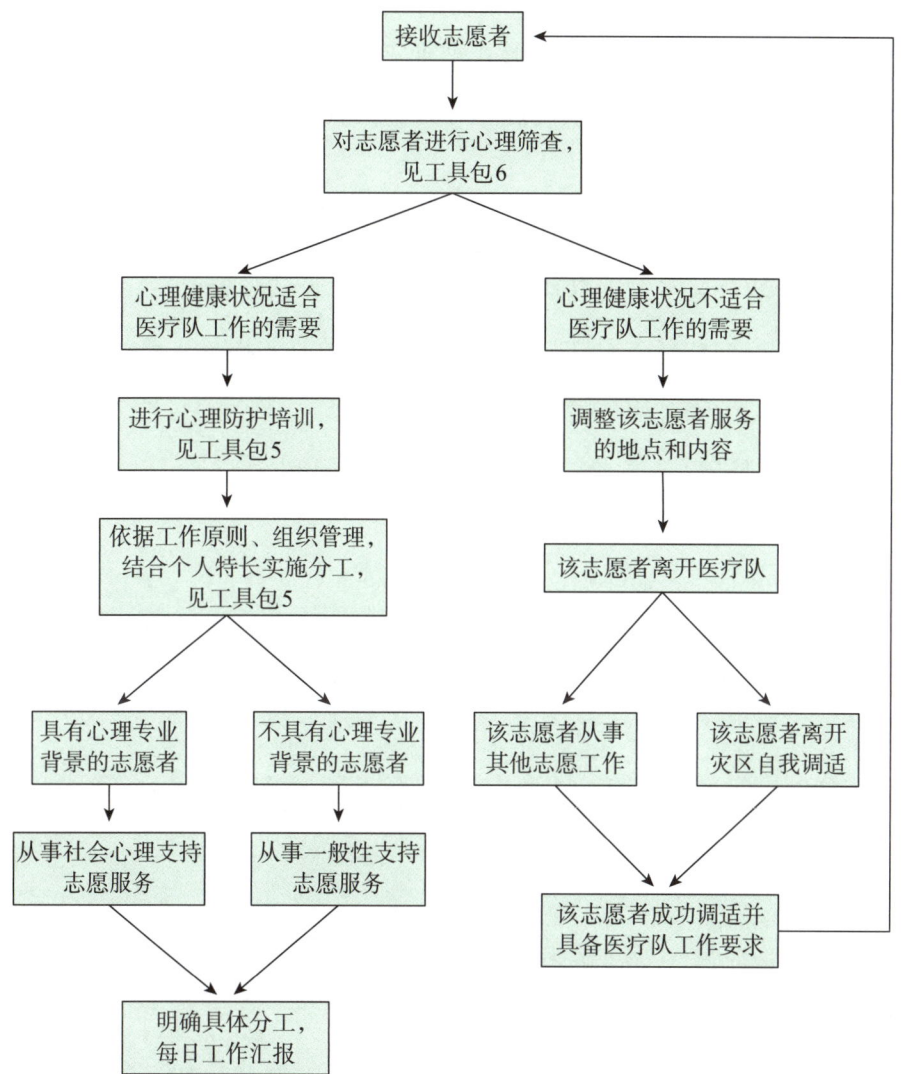

流程说明：

1. 使用人员　灾后负责志愿者接待和组织的人员。从事灾难救援的志愿者指灾难发生后，为救灾而来到灾区提供志愿服务的各行各业人员。本文所指志愿者，是指以团队或个人形式来到灾区，向救灾指挥部正式提出申请并批准后，与危机干预医疗队共同工作，为灾民提供不同形式的志愿服务的相关人员。

2. 相关说明　灾后心理危机干预医疗队应首先在其驻地或办公地点设立志愿者接收站，并指定人员从事接待工作。接收站负责对志愿者进行筛选、登记、注册、培训和任务分工，并对志愿者提供业务指导、生活关心及心理健康的维护。

3. 链接工具包

工具包5"志愿者管理与培训"。

工具包6"灾后心理状况的评估实施"。

流程4-4　因灾死亡者亲友心理危机干预操作流程

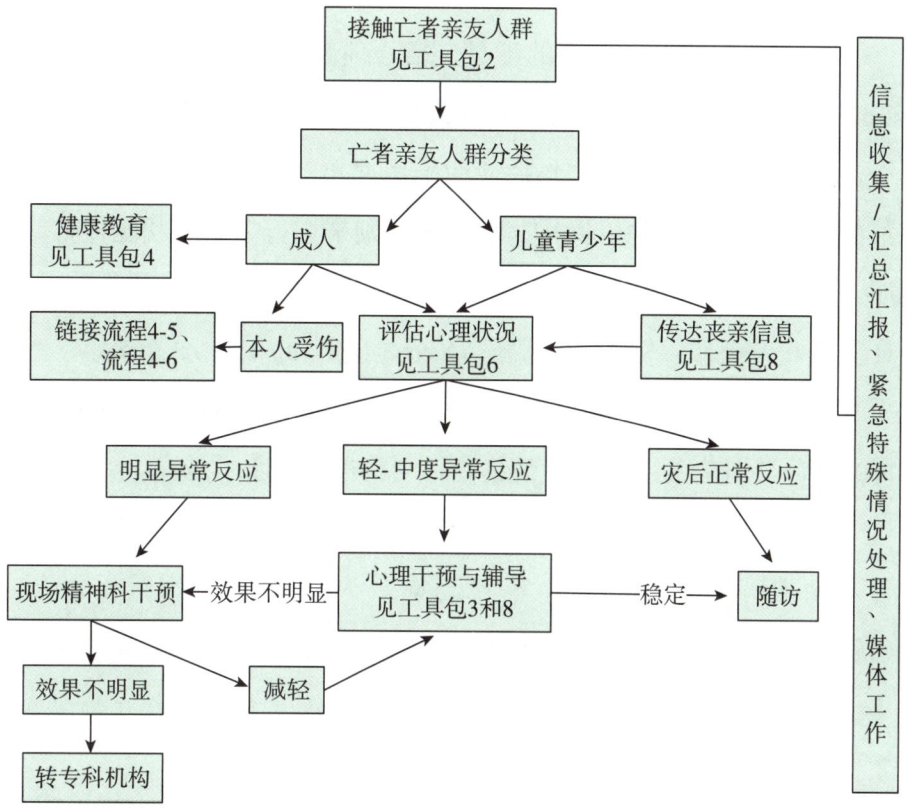

流程说明：

1．服务人群　因灾死亡者的亲友是指与灾难遇难者关系密切的亲属或朋友。

2．相关说明

（1）因灾死亡者的亲友是灾后最需要支持和心理服务的人群。提供服务时首先应根据死亡者亲友的具体情况进行分类，年龄、是否受伤、社会支持系统的强弱、不同的文化背景以及宗教信仰都应该充分给予考虑。特别是亲临灾难的儿童，是重点保护对象。

(2) 由于服务提供者与服务对象往往灾前并不认识，如何快速地建立互信关系至关重要。在有爱心的前提下，适宜话题的切入和良好的沟通技巧有助于心理危机干预工作的开展。

(3) 评估心理状况时使用的工具包括心理健康自评问卷（Self-reporting Questionnaire 20，SRQ-20）、12项一般健康问卷（12-item General Health Questionnaire，GHQ-12）及创伤后应激障碍简单初筛表（PTSD-7）。评估要在良好的切入基础上，并以操作简易性为原则来进行。心理状况评估结果具体说明：

①灾后正常反应：SRQ-20 总分 < 8 分，或 GHQ-12 < 3 分者。

②轻中度异常反应：SRQ-20 总分 ≥ 8 分为轻度，SRQ-20 总分 ≥ 10 分或 GHQ-12 ≥ 3 分者为中度，分值越高，则精神痛苦水平越高。

③明显异常反应：PTSD-7 ≥ 4 分，或经过随队精神科医生专科检查，显示存在精神病性症状的反应，包括幻觉、妄想、显著的兴奋和活动增多、社会性退缩、显著的精神运动性迟滞及紧张性行为等。

(4) 信息收集、汇总汇报、紧急特殊情况处理及媒体工作在整个操作流程中贯穿始终。

(5) 此部分特别强调对亡者的尊重，同时强调心理危机干预工作者的自我保护。

3．链接工具包

工具包2"切入技术与沟通技巧"。

工具包3"灾后大众心理危机干预技术"。

工具包4"灾后大众心理健康教育"。

工具包6"灾后心理状况的评估实施"。

工具包8"灾后儿童青少年的心理支持"。

流程4-5　本地治疗因灾受伤人员心理危机干预操作流程

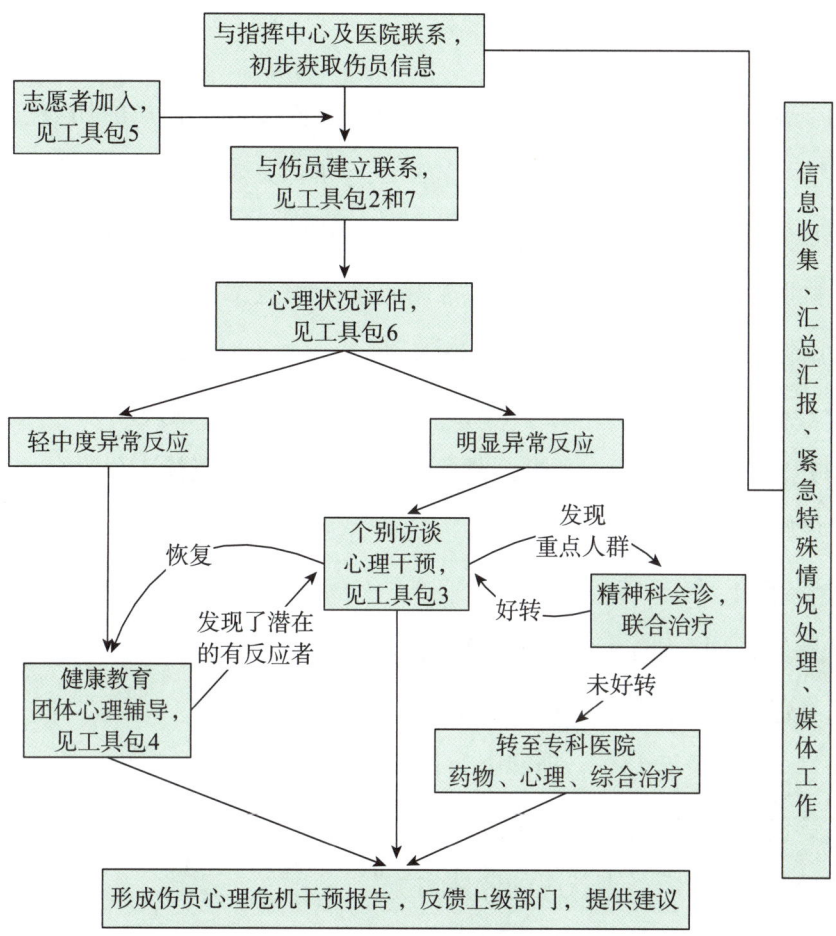

流程说明：

1. 服务人群　因灾受伤人员已得到医学治疗，目前意识清醒、生命体征平稳者。

2. 相关说明

（1）对受伤人群进行心理危机干预时，首先要确认伤员的伤势已得到控制，病情平稳。在医疗机构开展工作时要遵守有关规定，配合躯体问题的治疗，将心理干预工作融入整体医学治疗中。若怀疑伤员有精神异常，应及时请精神科医生会诊。工作中除灾后常用心理干预技术以外，还需要结合具体情况使用针对受伤人员的心理支持技术。

（2）心理状况评估结果具体说明：参见流程4-4的相关说明。

（3）信息收集、汇总汇报、紧急特殊情况处理及媒体工作在整个操作流程中贯穿始终。

3. 链接工具包

工具包2"切入技术与沟通技巧"。

工具包3"灾后大众心理危机干预技术"。

工具包4"灾后大众心理健康教育"。

工具包5"志愿者管理与培训"。

工具包6"灾后心理状况的评估实施"。

工具包7"因灾受伤人员心理支持"。

流程4-6　异地治疗因灾受伤人员心理危机干预操作流程

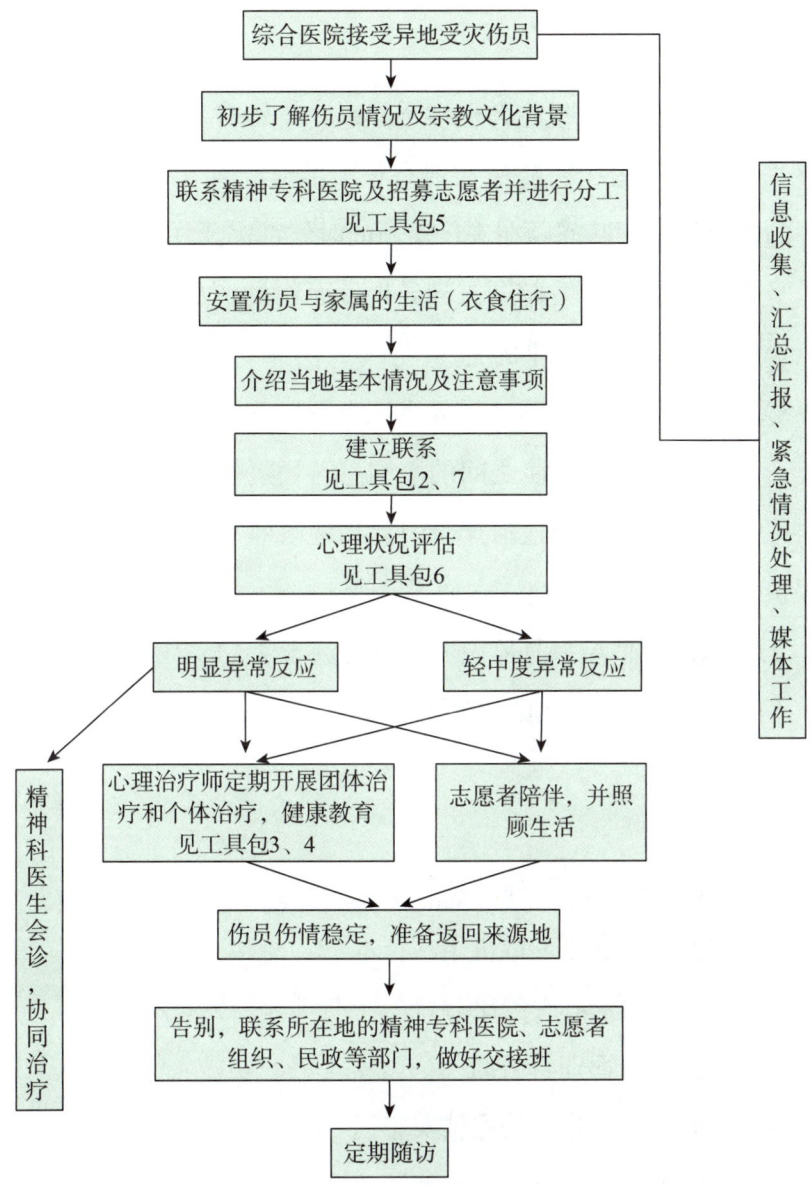

流程说明:

1. 服务人群　因灾受伤并被转移到外地的伤员,目前意识清醒、生命体征平稳者。

2. 相关说明

(1) 异地治疗的伤员往往存在多个问题:躯体有不同程度的伤残、财产损失、丧失亲友、与救援医院所在地有很大的语言和文化差异、想念家人、担心家乡的情况等。这些问题在进行干预的时候都需要注意到。

(2) 伤员往往是由亲友陪同来到异地,而伤员亲友往往也是灾难的经历者,所以也要关注他们的心理状况。

(3) 这些伤员的治疗,往往需要由综合医院和精神专科医院等多家单位联合治疗,要注意到多家医院之间的协调。若怀疑伤员有精神异常,应及时请精神科医生会诊。由于异地治疗会引起当地政府和媒体的重点关注,所以要注意保护伤员的隐私,防止二次伤害。

(4) 心理状况评估结果具体说明:参见流程4-4的相关说明。

(5) 信息收集、汇总汇报、紧急特殊情况处理及媒体工作在整个操作流程中贯穿始终。

3. 链接工具包

工具包2"切入技术与沟通技巧"。

工具包3"灾后大众心理危机干预技术"。

工具包4"灾后大众心理健康教育"。

工具包5"志愿者管理与培训"。

工具包6"灾后心理状况的评估实施"。

工具包7"因灾受伤人员心理支持"。

流程4-7　受灾儿童青少年心理危机干预操作流程

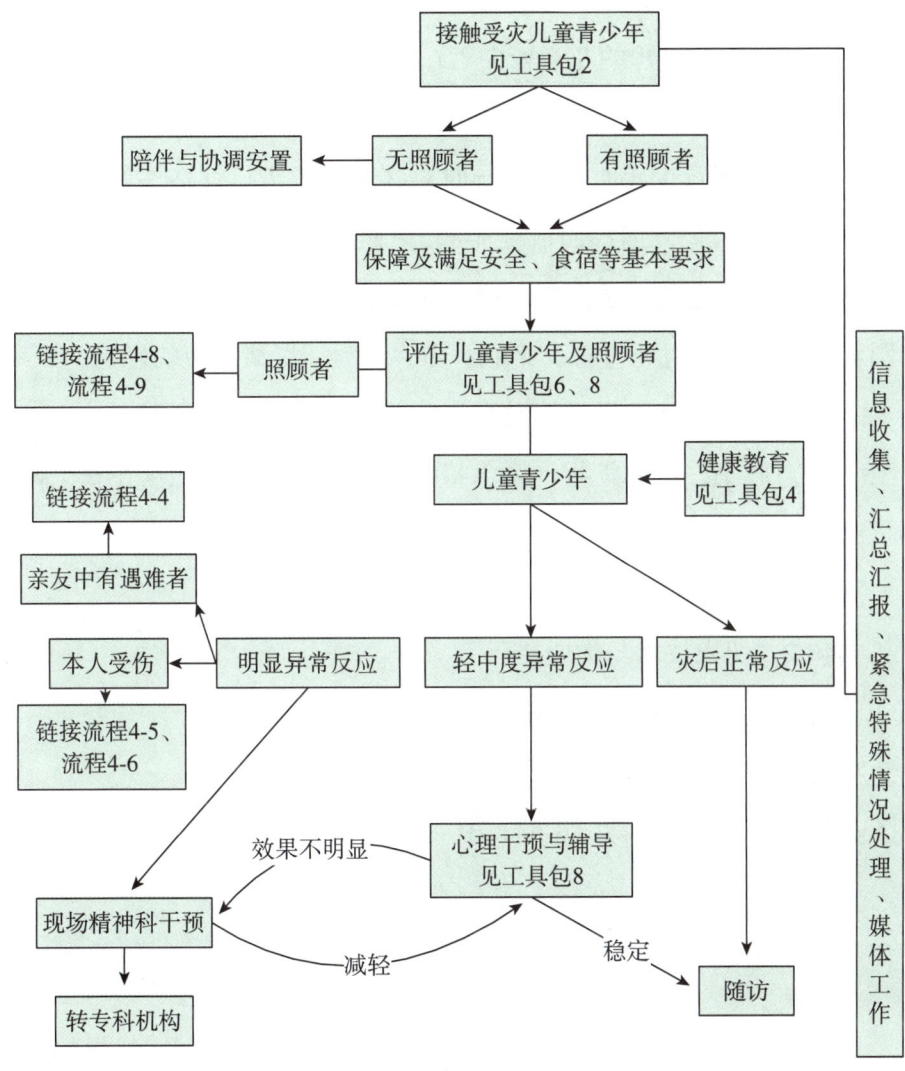

流程说明：

1. 服务人群　18 岁以下受到灾难影响的人群，包括亲身经历者（受伤及未受伤者）、直接目击者、间接目击者（指不在灾难现场，而通过媒体等其他方式了解到灾难过程的儿童青少年）。

2．相关说明

（1）评估儿童青少年时，需要同时对其照料者进行评估。如果发现照料者存在一定心理问题，请参照流程 4-8，为照料者提供心理干预服务，同时确保儿童有其他合适的人员照料。服务儿童青少年时要充分考虑年龄、受教育年限和文化等因素对儿童青少年的认知、行为、情绪反应的影响。

（2）心理状况评估结果具体说明：参见流程 4-4 的相关说明。

（3）信息收集、汇总汇报、紧急特殊情况处理及媒体工作在整个操作流程中贯穿始终。

3．链接工具包

工具包 2 "切入技术与沟通技巧"。

工具包 4 "灾后大众心理健康教育"。

工具包 6 "灾后心理状况的评估实施"。

工具包 8 "灾后儿童青少年的心理支持"。

流程4-8　受灾群众心理危机干预操作流程

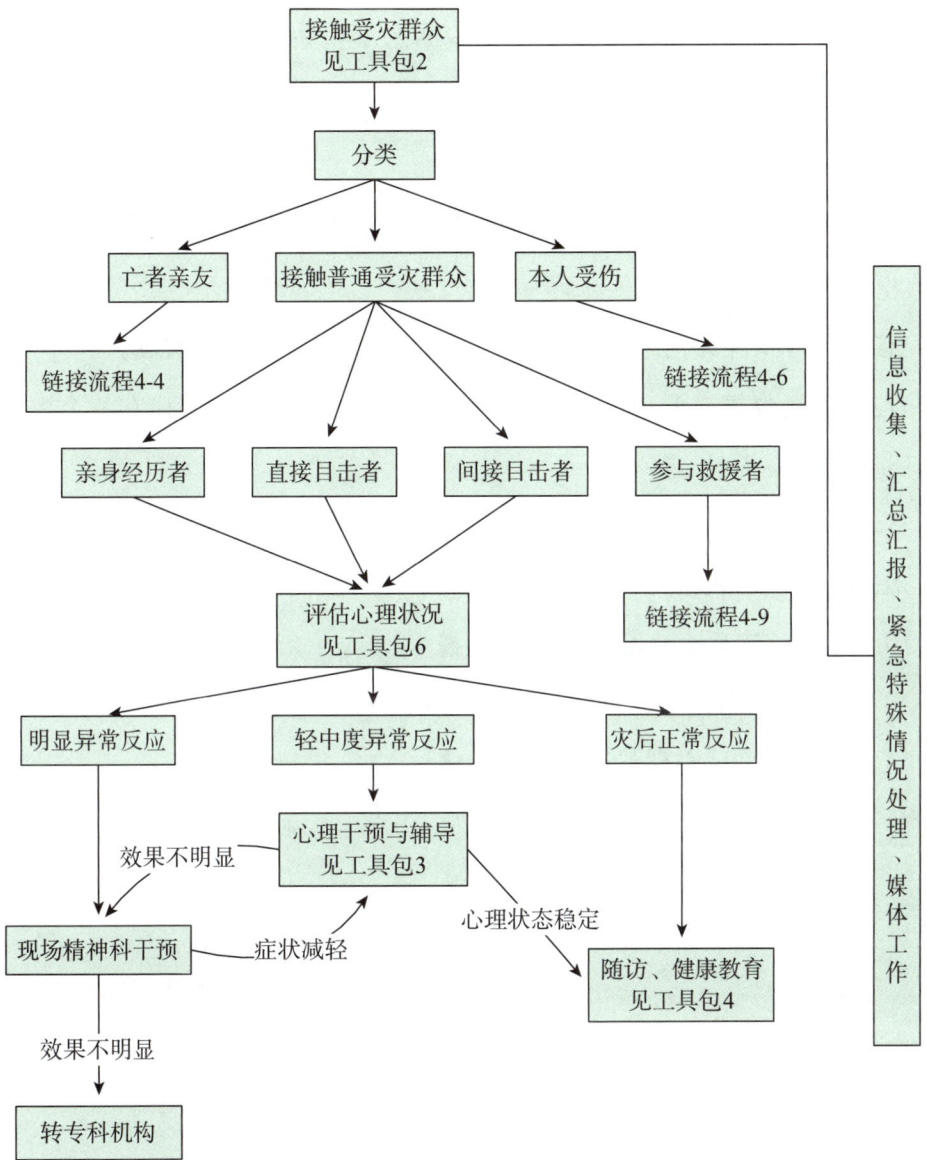

流程说明：

1．服务人群　本流程服务于18岁以上受到灾难影响的普通群众，不包括亡者亲友及伤者，主要包括亲身经历者、直接目击者、间接目击者（指不在灾难现场，而通过媒体等其他方式了解到灾难过程的成年人），上述群众也包括参与救援的人群。

2．相关说明

（1）为受灾地区群众提供心理服务时，请根据人群的不同分类注意流程中的相关链接。

（2）心理状况评估结果具体说明：参见流程4-4的相关说明。

（3）信息收集、汇总汇报、紧急特殊情况处理及媒体工作在整个操作流程中贯穿始终。

3．链接工具包

工具包2"切入技术与沟通技巧"。

工具包3"灾后大众心理危机干预技术"。

工具包4"灾后大众心理健康教育"。

工具包6"灾后心理状况的评估实施"。

流程4-9 参与救援的受灾群众心理危机干预操作流程

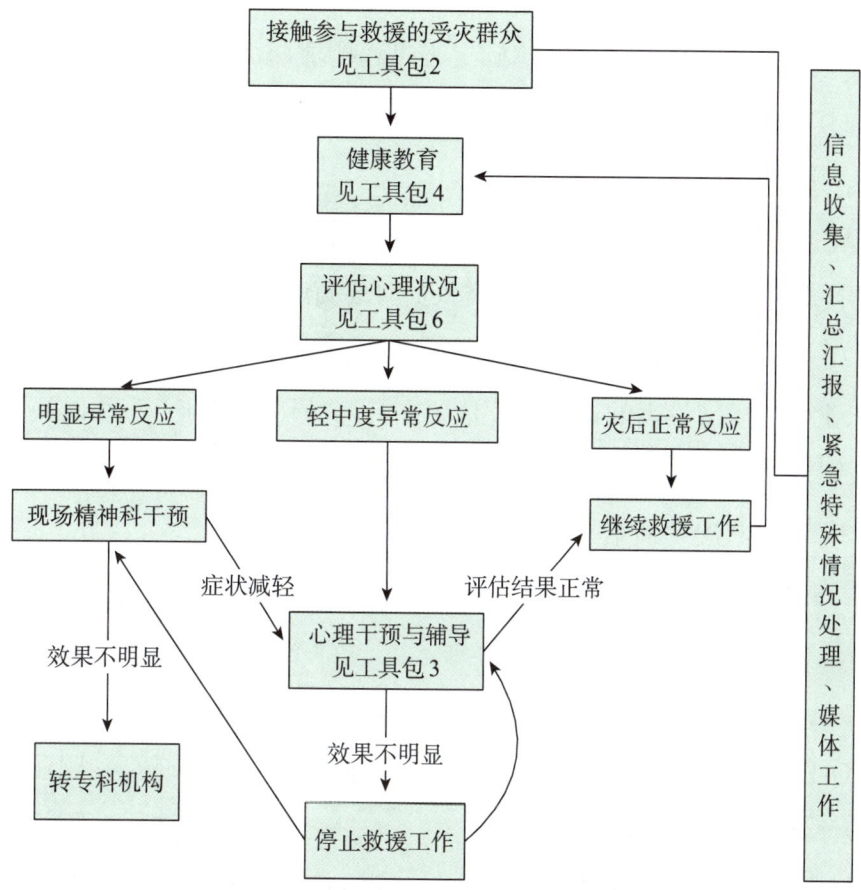

流程说明：

1. 服务人群　本流程适用于受灾地区 18 岁以上受到灾难影响、同时参与救援的人群，包括亲身经历者、直接目击者、间接目击者（指不在灾难现场，而通过媒体等其他方式了解到灾难过程的成年人），不包括亡者亲友及伤者。

2. 相关说明

（1）受灾地区的自救通常由灾区当地的人员首先发起，灾区人员在救援别人的同时自己也是灾民。服务这类人员时要高度关注他们自身的灾难经历。

（2）评估心理状况时使用的工具除与流程 4-8 相同外，作为救援者还要增加职业生活质量量表的评估。评估要在良好的切入基础上，并以操作简易性为原则来进行。

（3）心理状况评估结果具体说明

①灾后正常反应：SRQ-20 总分 < 8 分，或 GHQ-12 < 3 分者。职业生活质量量表评估结果为低风险者。

②轻中度异常反应：SRQ-20 总分 ≥ 8 分为轻度，SRQ-20 总分 ≥ 10 分或 GHQ-12 ≥ 3 分者为中度。分值越高，则精神痛苦水平越高。职业生活质量量表评估结果为高风险者。

③明显异常反应：PTSD-7 ≥ 4 分，或经过随队精神科医生专科检查存在精神病性症状的反应，包括幻觉、妄想、显著的兴奋和活动增多、社会性退缩、显著的精神运动性迟滞、紧张性行为等。

（4）信息收集、汇总汇报、紧急特殊情况处理及媒体工作在整个操作流程中贯穿始终。

3. 链接工具包

工具包 2 "切入技术与沟通技巧"。

工具包 3 "灾后大众心理危机干预技术"。

工具包 4 "灾后大众心理健康教育"。

工具包 6 "灾后心理状况的评估实施"。

流程4-10　灾后专业救援人员心理危机干预操作流程

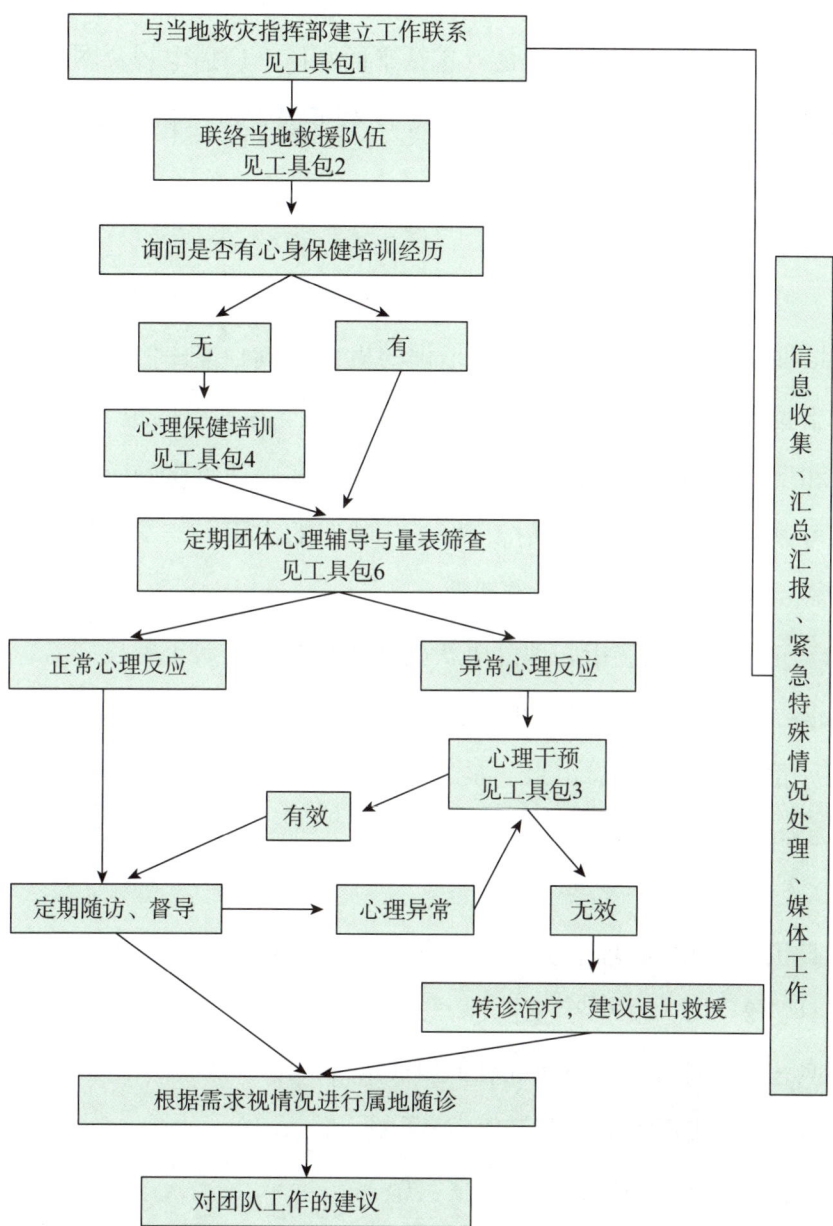

流程说明：

1. 服务人群　参与灾难救援的军队、武警、消防人员，其他有组织、有行动纪律的队伍；参与灾难救援的医务人员（包括医生、护士、医技人员等）；参与对灾难进行报道的媒体（包括平面媒体、广播电视及网络媒体等）；参与救援的水利、电力、通信、建筑等技术工程人员；参与救援的驾驶员；参与救援的各级行政管理人员。

2. 相关说明

（1）参与灾难救援的人员工种较多，应根据不同工作的性质特点制订心身保健培训和督导方案，可以利用培训的机会完成心理评估，进而制订下一步心理干预计划。专业救援人员经常反复暴露于各种难以想象的灾难现场，高强度和反复暴露于灾难的工作可能引起躯体和心理状态的应激。心理保健和督导可以起到调整压力、保持良好工作状态的作用。如发现有心理压力过大者，需要转诊至专业人员寻求帮助。

（2）正常心理反应指心理健康状况评估结果为灾后正常反应者，异常心理反应指心理健康状况评估结果为轻中度异常反应者或明显异常反应者。

（3）信息收集、汇总汇报、紧急特殊情况处理及媒体工作在整个操作流程中贯穿始终。

3. 链接工具包

工具包1"灾后心理危机干预医疗队的组织管理"。

工具包2"切入技术与沟通技巧"。

工具包3"灾后大众心理危机干预技术"。

工具包4"灾后大众心理健康教育"。

工具包6"灾后心理状况的评估实施"。

流程4-11　灾后心理危机干预人员自我照料操作流程

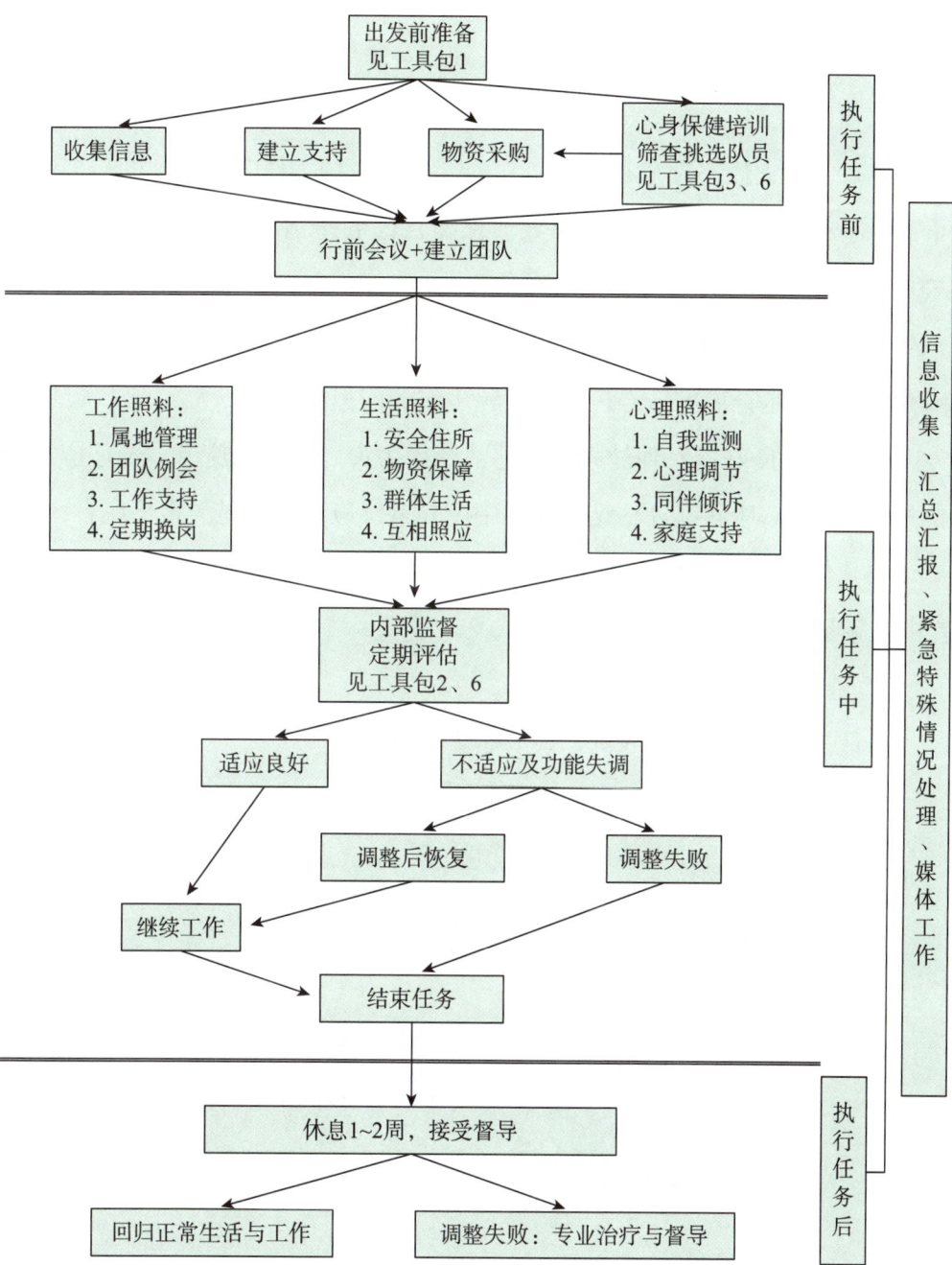

流程说明：

1. 服务人群　参加灾后心理危机干预工作的所有人员（或称灾后心理危机干预医疗队成员），如行政管理人员、精神科医生、精神科护士、心理治疗师、心理咨询师、社会工作者、心理服务志愿者、心理健康教师等。

2. 相关说明

（1）参加灾后心理危机干预工作的人员在现场工作时，遇到的最多问题可能不是专业技术的困难，而是如何保障自己的生活和照顾好身边的同事。灾难往往事发突然，灾区情况多瞬息万变，心理危机干预者也会面临与平时工作完全不同的环境和压力。因此，平衡好工作和生活，做好自我心理保健和团队督导，是开展灾区心理危机干预工作的前提。

（2）适应良好指心理健康状况评估结果为灾后正常反应者，不适应及功能失调指心理健康状况评估结果为轻中度异常反应者或明显异常反应者。

（3）信息收集、汇总汇报、紧急特殊情况处理及媒体工作在整个操作流程中贯穿始终。

3. 链接工具包

工具包1"灾后心理危机干预医疗队的组织管理"。

工具包2"切入技术与沟通技巧"。

工具包3"灾后大众心理危机干预技术"。

工具包6"灾后心理状况的评估实施"。

第三部分 灾后心理危机干预演练指南

第 5 章 灾后心理危机干预队组织演练指南

第一节 灾后精神卫生机构心理危机干预队组织流程

一、教学分级要求

掌握：流程 4-1 "灾后精神卫生机构心理危机干预队组织流程"。
　　　工具包 1 "灾后心理危机干预医疗队的组织管理"。
　　　工具包 2 "切入技术与沟通技巧"。
熟悉：工具包 5 "志愿者管理与培训"。
了解：复习躯体急救和灾后防疫知识。
拓展：执业医师法等有关法律规章。

二、培训安排

本培训分为两分部：讲课和演练。
讲课时间：20 分钟。演练时间：35～40 分钟。

三、讲课内容

1. 受灾当地的精神卫生机构特点　受灾当地的各种医疗机构在突发灾难后都会出现一个工作量陡然增加的过程：既需要完成原有的医疗任务（包

括住院患者需要继续治疗），而且因房屋危险，有些患者需要转移，视天气情况有些医疗机构还可能需要搭建临时安置点等；同时，医疗机构还需要承担灾后突然降临的医疗抢救任务和大量协调任务。人力资源此时面临严重不足：可能因伤亡或被抽调派往灾区前线而造成医疗队减员。灾情稍加平稳后，向灾区各类人群提供心理卫生服务事宜会立即被提上议事日程，需要提交一系列相应的预案、方案，需要开展评估和健康教育，并且需要立即干预极重个案等。灾后前2周各种工作往往交叉开展，工作时间延长，加上通信手段不畅、办公条件被破坏等，会使医务人员倍感耗竭，有条件时要积极纳入志愿者共同工作（工具包5）。

2．受灾当地的精神卫生机构工作顺序　首先应保证人员安全，清点人数（住院患者和员工），重新分配人力资源。住院患者的安全包含救治和转运伤员、保证患者的基本生存需要以及保证患者日常用药等。如有医院建筑物倒塌和（或）房屋出现危险，应尽快将患者转移到室外安全地方，同时尽快联系指挥部，找到相对封闭的安置点安置住院患者，谨防患者走失或出现意外，并尽可能联系患者家属。在确保医院本身的安全后，应尽快抽出人力开展各类人群的心理危机干预工作（工具包1、2）。灾后第3天和第1周末时，有条件的地方要积极开展自身督导，及时释放压力，保持战斗力。

3．信息管理　灾后需要及时汇总和上报各类信息，医疗机构最好安排专人负责。在收集和统计上级需要的数据的同时，还应做好自己开展工作的统计，并从统计中及时发现问题。如发现严重的心理应急源，要及时做好预警和干预工作，以防患于未然。要与对口支援的医疗队及时分享收集到的信息，提高工作效率。避免片面追求收集数据做研究的倾向。特别要避免不讲伦理的数据收集和媒体报道，避免在心理应激评估和干预中给受灾群众带来二次伤害。

> **讲课重点**
>
> 应尽快认识到灾后环境与角色的变化，因此，助人者首先要保证自身安全和心理健康。只有在安全的条件下才能将工作开展得持久与规范。

4. 标准幻灯　流程标准幻灯（见二维码资源流程讲解4-1）。讲课时间：20分钟。

四 演练指南

1. 演练案例　四川省某精神卫生中心是一所设有精神科的综合医院。2008年"5·12"汶川地震发生时，住院的精神病患者有500名，其他综合科室住院患者有500名。医院处于汶川地震重灾区，医务人员在地震中出现伤亡。医院在震后收治了大量外伤患者。震后该市附近的另外一所市级精神病院垮塌，50名重症精神病患者被紧急转移到该精神卫生中心。地震发生后，各系统派来的医疗队陆续抵达该院，支援紧急医疗救援和心理危机干预工作。灾区群众也在各个医院间反复寻找亲人。各地志愿者纷纷来到灾区，希望贡献力量。

2. 演练要求　按照操作流程图的步骤进行演练，主要模拟练习灾区精神卫生机构组织管理过程，演练不同队伍间的分工、工作协调与合作协同（院内和院外人员及队伍），以及突发事件的处理。

时间：20分钟。

角色：总指挥1名；

　　　日常医疗工作负责人1名；

　　　外联负责人1名；

　　　行政后勤保障1名；

　　　精神科主任1名；

　　　外地支援灾区的医疗队负责人1名。

点评专家：1～2名。

场地：最好在教室中间空出场地供学员演练，其他学员按小组围坐在演练场地周围观摩。

道具：椅子数把、联系工具（手机等）、各种报表等。

突发事件设置：院办工作人员1名，媒体记者或志愿者1名，患者家属1名。灾后院办会接到各级政府不同的灾情调查表，要求立即填写报告，还有各种紧急会议要求领导立即参加。媒体需要知道详情，患者家属希望知道震前自己住院亲人的情况，可能的停水停电和伙食、药品的保障……

扮演者反馈分享：10分钟。

点评：5~10分钟。

提醒：演练案例需要提前至少半天发至学员手中，方便学员准备。

第二节 对口支援灾区心理危机干预医疗队工作流程

一 教学分级要求

掌握：流程4-2"对口支援灾区心理危机干预医疗队工作流程"。

工具包1"灾后心理危机干预医疗队的组织管理"。

工具包3"灾后大众心理危机干预技术"。

工具包6"灾后心理状况的评估实施"。

熟悉：工具包4"灾后大众心理健康教育"。

了解：定性研究中关于文化与宗教的调查方法。

拓展：各种心理干预技术，可以先拓展短程心理咨询及治疗技术。

二 培训安排

本培训内容分为两部分：讲课和演练。

讲课时间：20分钟。演练时间：45~50分钟。

三 讲课内容

1．医疗队的组建——新老搭配　赴灾区医疗队的组建一般时间紧，出发前布置的任务要求一般不是很详细，到达后要求立即开展工作。医疗队组建报名时往往会有很多有积极性的年轻人要求"上前线",但在挑选队员时要严格新老搭配:既往有实战经验的队员最好占 2/3,从没有经验的队员最好不超过 1/3。这样老队员到达后可以借助既往经验立即开展工作,新队员可以有 2~3 天的熟悉时间。新队员太多会直接导致老队员的工作、带教与督导负荷过重。新老队员配比不能达标时,优先选择参加过有关培训、特别是参加过备灾演练者。最好选择快速转换工作场景无困难和多任务处理能力较强者。医疗队的组建可以同时准备 2 批人员,2 周后轮换。

2. 队内人员结构　灾后心理危机干预工作不仅需要专业知识,同时需要医疗队队员有培训能力和现场健康教育实施能力,包括现场制作健康教育资料等。在人员的搭配上,除专科医生和护士以外,能担负评估和心理问题测量、撰写汇报和承担各种沟通的行政助理十分必要。在赴灾区的人数不十分受限制时,配备 1 名专职负责行政后勤保障和资料收集的人员将非常有利于工作的开展(可以由心理专业的学生、护士或者平时担任项目管理的人员担任)。

3. 属地化管理　心理危机干预医疗队到达指定地点后,一定要向当地指挥部门或联系单位报到,与当地的专业人员一起工作。切不可有"接手"或"替代"当地工作的想法,更不能有"国家队或省队来了"的指手画脚甚至"作秀"的行为。对于已经在灾区开展了工作的当地同道要积极鼓励和支持,必要时给予小组督导,因为受灾当地的专业人员既是受灾者又是助人者,缓解他们的压力是对口支援医疗队的一项重要任务。此外,在灾区工作时如果发现影响受灾群众心理健康的问题或者规定,要积极与指挥部门沟通,提出更加以人为本的建议,争取能在政策层面扩大精神卫生服务的影响。

4. 临时工作的长期视角　赴灾区医疗心理危机干预医疗队一般 2 周轮换,2 批后一般改为每月轮换。特大灾难后国家支持的心理重建项目目前很少超过 3 年。因此,在当地建立长期能提供精神卫生服务的工作系统和培训专业人员尤为重要。一定要避免不利用当地资源"单枪匹马"建工作站、临时任务临时完成的做法。目前中国很多县及以下的医疗机构没有精神卫生服务资源,灾后心理危机干预医疗队要成为当地精神卫生服务网络、体系建设的播种者,利用培训、对口进修、长期指导与督导等形式,积极为灾区留下一支"不走的医疗队"。

另外一个长期并宏观的视角是要积极将工作中发现的问题反馈给指挥部门，并同时提出有针对性的建议。

5．心理危机干预医疗队的自我保护　第一是要保证生命安全。在安置帐篷等临时住所时，尽量靠近军队、CDC 以及时获得各种支持。第二是要尽快熟悉当地环境和文化、宗教等。第三为队内相互支持与督导，发现队员的负性情绪和身体不适后要积极处理。干预医疗队队员在干预工作结束回到原单位后，一定要进行一次团队督导后再恢复日常工作。

> **讲课重点**
>
> 强调灾后心理危机干预工作不是万能的，相信受灾群众能够在社会支持与心理帮助下战胜困难，走出灾难。我们要做的就是充分准备、尽快适应、灵活工作、保护自己。

6．标准幻灯　流程标准幻灯（见二维码资源流程讲解 4-2）。讲课时间：20 分钟。

四 演练指南

1．演练案例　四川某精神卫生中心在本省雅安地震后接到命令，在 24 小时之内召集医疗队前往灾区。该院选派了由外科、骨科、感染科的医生和护士，以及精神科医生和心理治疗师组成的医疗救援队。到达后精神科医生按指挥部的安排前往受灾群众安置点，同时建立工作网，开展培训和个案干预（包括接受医疗处置后在社区恢复的轻伤员、房屋全部垮塌的受灾群众等），同时完成指挥部布置的临时任务。

2．演练要求　按照操作流程图的步骤进行演练，熟悉医疗队从组建以及到灾区开展工作的过程，主要练习服从属地化管理与灵活开展工作所需要的现场应对能力，以及团队互助的意识。

时间：20 分钟。

角色：队长 1 名；

当地联络人 1 名；

队员 3～4 名；

　　村医或社区医生 1 名；

　　受灾群众若干名（会务组扮演）；

　　督导（同辈督导或远程督导）。

点评专家：1～2 名。

分享时间：10 分钟。

场地：最好在教室中间空出场地供学员演练，其他学员按小组围坐在演练场地周围观摩。

道具：椅子数把、联系工具（手机等）及各种报表等。

突发事件设置：医疗队队员丈夫 1 人及当地群众 1～2 人。出发前某医生的丈夫表示很不愿意妻子前往灾区；到达后当地群众知道有医疗队队员来到，因各种躯体不适而找上门来。

扮演者反馈分享：10 分钟。

点评：5～10 分钟。

提醒：演练案例需要提前至少半天发至学员手中，方便学员准备。

第三节　灾后志愿者组织与管理操作流程

一、教学分级要求

掌握：流程 4-3 "灾后志愿者组织与管理操作流程"。

　　　工具包 5 "志愿者管理与培训"。

熟悉：工具包 6 "灾后心理状况的评估实施"。

了解：正规招收志愿者的机构和组织。

拓展：暂无。

二、培训安排

本培训内容分为两部分：讲课和演练。

讲课时间：20分钟。演练时间：35～40分钟。

三 讲课内容

1．灾后志愿者的管理特点　每当灾难发生，都会激起很多人立即前往灾区参加抢救生命的愿望，特别是有过经验的人经常在第一时间就会通过各种渠道来到灾区。志愿者是救灾的重要力量，但无序的前往不仅会使灾区的负担加重，同样会使一些缺乏经验的志愿者很快沦为"灾民"。因此，灾前培训时应注重与可以招收志愿者的红十字会、青年团等合作，以达到储存志愿者资源的目的。志愿者一般没有组织限制，所以流动性大。灾区应该首先建立招募站，问清志愿者可以在灾区服务的时间，并尽量据此安排他们的工作。志愿者自己也应该在完成承诺的工作后再离开（工具包5）。

2．志愿者的心理保护　对志愿者的心理保护和其他参与救援的人员相同，不同点为志愿者可能因为缺乏团队，在相互支持方面不一定能够及时和到位。志愿者的组织人员可以按照省份、身份（如学生和老师）或者年龄将志愿者搭配成组，以便互相照顾。对于不适宜在灾区工作的志愿者，要积极劝回。

3．志愿者日常工作制度　志愿者的注册和登记既是组织志愿者工作的基础，也是保护志愿者安全的手段。登记之后要对准备协助开展心理危机干预的志愿者开展培训，培训后最好将他们和专业队伍编在一起共同工作。具体工作制度见工具包5。

> **讲课重点**
>
> 灾后能够与志愿者合作是专业精神/心理卫生工作者的必要能力。要积极肯定志愿者做的所有有益于受灾群众心里安宁的工作都是很好的心理危机干预工作，同时要关注志愿者的安全。

4．标准幻灯　流程标准幻灯（见二维码资源流程讲解4-3）。讲课时间：20分钟。

四、演练指南

1. 演练案例　某地经受台风和海啸后房屋倒塌，停水停电，交通基本瘫痪，大批人员被转移到临时安置点。灾后第3天，当地的志愿者招募站开始工作，招募对象包括心理危机干预志愿者。1名精神科医生负责心理危机干预志愿者的招募，他们需要登记符合条件的志愿者并给他们分工，劝回不符合从事心理危机干预的志愿者，或者转介至其他服务。

2. 演练要求：按照操作流程图的步骤进行演练。

时间：20分钟。

角色：负责招募志愿者的精神科医生1名；

　　　精神科医生助手1名；

　　　志愿者招募站长1名；

　　　来报名的志愿者4～5名。

点评专家：1～2名。

场地：最好在教室中间空出场地供学员演练，其他学员按小组围坐在演练场地周围观摩。

道具：桌子一个、椅子数把、登记表、瓶装水及培训资料等。

突发事件设置：志愿者中有不适于从事心理危机干预者，被劝回时非常不愉快，几乎与招募者发生冲突。

扮演者反馈分享：10分钟。

点评：5～10分钟。

提醒：演练案例需要提前至少半天发至学员手中，以方便学员准备。

第6章 受灾人群心理危机干预演练指南

第一节 因灾死亡者亲友心理危机干预操作流程

一 教学分级要求

掌握：流程4-4 "因灾死亡者亲友心理危机干预操作流程"。
　　　工具包2 "切入技术与沟通技巧"。
　　　工具包3 "灾后大众心理危机干预技术"。
　　　工具包8 "灾后儿童青少年的心理支持"。
熟悉：工具包4 "灾后大众心理健康教育"。
　　　工具包6 "灾后心理状况的评估实施"。
了解：暂无。
拓展：暂无。

二 培训内容

本培训内容分为两部分：讲课和演练。
讲课时间：20分钟。演练时间：35～40分钟。

三 讲课内容

1. 因灾死亡人员的亲友（亡者亲友）干预的特点　亡者亲友是灾后最需要支持和心理干预服务的人群，儿童是其中的重点（工具包8）。在中国，亡者亲友，特别是直系亲属和配偶会被列为一级干预对象，条件允许时会由单位组织派人提供"一对一"的陪伴和安慰。陪伴者与亡者亲友在灾难前可能并不认识（如坠机等），因此，快速建立互信关系至关重要。有爱心的、时时播撒希望种子的陪伴可以帮助亡者亲友尽快安静下来，转向现实（家人的照顾或后事的处理等），不要给予不现实的承诺。在最初的几天需要提供适当的生活照顾时，可以观察和评估亡者亲友的情绪变化。发现他（她）们有悲观绝望过度、出现自杀观念、安排自己后事等表现时，要及时给予专业干预。

2．评估与干预的时间、地点和文化尊重　不同文化对亡者的祭奠程序有所不同，中国很多地方按每七天一个周期祭奠亡者，逢"七"时亲友会非常悲痛，需要专业人员和陪伴者加强观察。逢"七"时人们也会集中前往墓地悼念亡者。在人群集中的地方设置服务点或跟随前往，可以在第一时间对伤心过度者提供服务。心理危机干预工作者应该对不同文化和宗教的祭奠方式给予理解和尊重。

3．特殊人群　因灾受伤人员同时也可能是遇难者的亲友，在医院对伤员进行心理危机干预时要特别关注这个人群，特别是其中因灾致残的人员，往往需要长期的心理卫生服务。有些亡者亲友会通过拼命工作来压抑巨大的悲痛，不要误认为社会能力看似良好的亡者亲友"很坚强""自己能够调解"。对于这部分人要更加耐心地，争取给他们一个可以释放的机会，随后给予相应的心理支持和评估。

> **讲课重点**
> 居丧干预是灾后精神卫生服务中难度较大的，要做到给予希望的陪伴，及时识别抑郁与自杀倾向，并能给予干预。在进行居丧干预之后，最好当天要和队友相互督导一次，调整自身情绪，保持良好的工作状态。

4．标准幻灯　流程标准幻灯（见二维码资源流程讲解4-4）。讲课时间：20分钟。

三、演练指南

1. 演练案例　某村暴雨后发生泥石流，吴先生一家被山石掩埋，吴先生的父母和女儿（8岁）、儿子（3岁）均遇难，吴妻因当时出去照顾家里的羊群而仅受轻伤。吴先生在外地打工，闻讯后赶回，不能接受自己父母及儿女均遇难的现实，吸烟量比平时增多一倍，每晚靠喝白酒才能入睡。吴妻觉得自己没有救出全家人，不应该活下来，无法面对丈夫，不配合医院的治疗，反复要求"找孩子们去"。村干部得知有心理危机干预医疗队在附近后，主动要求医疗队对吴先生和妻子进行帮助。

吴家在当地是一个大家族，村里亲戚很多。本次泥石流中只有吴某一家遭灾。

2. 演练要求　按照操作流程图的步骤进行演练，场景在吴妻住院的病房内。

时间：20分钟。

角色：吴先生、吴妻；

　　　来医院照顾吴妻的亲属2～3名；

　　　当地医生1名；

　　　心理危机干预队精神科医生2名。

点评专家：1～2名。

场地：最好在教室中间空出场地供学员演练，其他学员按小组围坐在演练场地周围观摩。

道具：椅子数把，拼成床状供吴妻使用；椅子数把、烟灰缸、烟（不要真抽）及酒瓶等。

突发事件设置：无。

扮演者反馈分享：10分钟。

点评：5～10分钟。

提醒：演练案例需要提前至少半天发至学员手中，方便学员准备。

第二节　本地治疗因灾受伤人员心理危机干预操作流程

一　教学分级要求

掌握：流程 4-5 "本地治疗因灾受伤人员心理危机干预操作流程"。
　　　工具包 2 "切入技术与沟通技巧"。
　　　工具包 3 "灾后大众心理危机干预技术"。
　　　工具包 7 "因灾受伤人员心理支持"。
熟悉：工具包 4 "灾后大众心理健康教育"。
　　　工具包 6 "灾后心理状况的评估实施"。
了解：儿童受伤或致残后的心理特点与家属支持技术。
拓展：暂无。

二　培训内容

本培训内容分为两部分：讲课和演练。
讲课时间：20 分钟。演练时间：35～40 分钟。

三　讲课内容

1．灾后自杀预防是长期工作　灾后心理危机干预工作的一个重点是自杀的预防。伤员在康复阶段极有可能面临前所未有的困难，特别是在遇到以前轻易可以处理而现在非常困难的事件时，可能会突然悲从心中来，产生放弃生命的想法和行动。因此，自杀的预防不仅仅在灾后紧急救援阶段，漫长的灾后重建阶段是对灾区群众心理承受能力的重大考验，更应注意随访，给予重视。对于受伤的人员需要跟踪随访，长期给予关注和帮助。

2. 自杀的评定与抑郁的治疗　灾后在针对社区的培训中，要安排抑郁的识别与自杀评估课程，教会社区医生和社区干部简单评估自杀严重程度的四级方法。1级：仅仅感到生活有些悲观；2级：在悲观的基础上感到绝望，有不想活的想法；3级：有自杀的计划，如去勘察过场地，准备药品等；4级：自杀实施未遂。根据《中华人民共和国精神卫生法》，对于有伤害自身的倾向和行为的患者，可以实施非自愿住院。如患者不同意，需要征得监护人的同意。对于其他有抑郁情绪、自己感到痛苦、且影响社会或家庭功能的人员，建议服用抗抑郁剂治疗。

3. 伤员重回生活时社区的关怀　灾后心理干预不仅限于有问题时的一对一工作，整个社区的关怀和帮助会使伤员在社会层面得到实实在在的帮助。比如社区重建时的无障碍设施，特别是所有公共场所的无障碍设计，受教育和工作中的不歧视，尽力提供的康复机构和设施。这些工作在心理重建中可以起到巨大作用，使伤员虽然身体受伤、残疾，但是社会功能没有障碍。这样的灾后重建才能达到真正意义上的心理健康重建。

> **讲课重点**
>
> 对伤员的干预不仅在医院，而是一个长期的工作。在医院的干预要避免重复评估，在社区的干预要注意培养当地卫生人员和干部及时识别自杀倾向。同时，整个社区的无障碍重建是对伤残者心理恢复的巨大帮助。

4. 标准幻灯　流程标准幻灯（见二维码资源流程讲解4-5）。讲课时间：20分钟。

四、演练指南

1. 演练案例　某次地震后李女士（55岁）受伤，行左侧肩离断手术。地震中李女士的丈夫、儿媳和孙子遇难。李女士出院后住在临时安置的板房区内，儿子住在她隔壁。儿子因为父亲、妻子和儿子均遇难十分悲伤，情绪低落，几乎天天去朋友家喝酒，很少回家。地震前李家的家务基本由李女士的丈夫承担，李女士受伤失去左臂后自己生活比较困难。

因安置区集中供水，某日李女士外出提水时不慎摔倒，磕掉一颗牙，满嘴鲜血，衣服全湿了，十分狼狈。当日下午她向邻居索要农药敌敌畏，说自己家中有蚊虫。邻居给其20 ml左右。晚间，李女士的儿子回家时发现她已服农药自杀并昏迷。李子立即将其送往医院。抢救成功后李女士的情绪十分低落，认为活着没有价值。医生担心其出院后再次自杀，要求心理干预医疗队对其进行帮助。

2．演练要求　按照操作流程图的步骤进行演练，注意资源取向。

时间：20分钟。

角色：李女士、李女士的儿子；

当地医院急诊医生1名，当地精神科医生1名；

外地支援灾区的精神科医生1名；

当地妇联干部1名。

点评专家：1～2名。

场地：最好在教室中间空出场地供学员演练，其他学员按小组围坐在演练场地周围观摩。

道具：椅子数把，拼成床状供李女士使用，可使用输液器等模拟抢救室场景，椅子数把。

突发事件设置：无。

扮演者反馈分享：10分钟。

点评：5～10分钟。

提醒：演练案例需要提前至少半天发至学员手中，方便学员准备。

第三节　异地治疗因灾受伤人员心理危机干预操作流程

教学分级要求

掌握：流程4-6 "异地治疗因灾受伤人员心理危机干预操作流程"。

工具包 2 "切入技术与沟通技巧"。

工具包 3 "灾后大众心理危机干预技术"。

工具包 7 "因灾受伤人员心理支持"。

熟悉：工具包 4 "灾后大众心理健康教育"。

工具包 5 "志愿者管理与培训"。

工具包 6 "灾后心理状况的评估实施"。

了解：儿童受伤或致残后的心理特点与家属支持技术。

拓展：暂无。

二 培训内容

本培训内容分为两部分：讲课和演练。

讲课时间：20 分钟。演练时间：35～40 分钟。

三 讲课内容

1．异地安置伤员的工作特点与增加的应激　特大灾难后，因为医疗资源的损失和抢救条件受限，经常将伤员在本地初步处理后随即转移到其他地方治疗。一些伤员甚至需要转移到外省。和在本地治疗的伤员相比，伤员转移会增加如下工作：交通工具的协调、身份识别、初步医疗处理的病历交接（包括心理干预记录或精神科用药记录等）随行亲友的安排以及无照料者的伤员安排等。工作的增加同时也是应激的增加，例如，伤员到达新地方后的饮食、生活环境及语言等都需要适应，异地治疗后需要返回原住地前的准备，都需要专业人员提供心理服务。另外，转移到新地方后大家对受灾群众的关怀可以起到社会支持的作用。但是在伤员转回受灾地区后，有些人会因为各种落差感到情绪不好。

2．自杀的评定与抑郁的治疗　接收转移来伤员的医院要培训抑郁的识别与自杀评估课程，教会医生和护士简单评估自杀严重程度的四级方法（见本章第二节）：

3．伤员转移回受灾地区后的心理随访　伤员回到受灾地区不再是集体行动，因此对每个要回去的伤员要做好记录，特别是精神科的评定和药物治疗方式、剂量等，一定要描述清楚，落实接收单位和接收人，避免伤员因交接不好而产生焦虑。

> **讲课重点**
>
> 伤员异地治疗中所有增加的环节都可以视为一种新的应激源，应组织当地精神科医生成立医疗队或医疗组，逐一评估，对有需要的伤员进行干预。

4．标准幻灯　流程标准幻灯（见二维码资源流程讲解4-6）。讲课时间：20分钟。

四 演练指南

1．演练案例　杨女士，女，30岁。某次地震后被房屋压住，5岁的女儿受轻伤，杨女士自己双下肢受到严重挤压伤，被救出后医生一直在力争保住其双腿。地震后第二周，杨女士被安排到千里以外医疗条件较好的K市治疗，女儿留在灾区继续治疗，由外婆照顾。杨女士非常担心因为转移影响到自己的治疗，担心被截肢，同时非常担心女儿的照顾问题。医院建议杨女士的丈夫跟随她去外地，但她希望自己不离开，或丈夫留下来照顾女儿。诸多不确定因素加上面临与家人分开，导致杨女士表现得非常焦虑，无法入睡，不思饮食，反复询问自己的腿是否还能保住。

2．演练要求　按照操作流程图的步骤进行演练，主要练习转移前、转移到外地后以及准备回到灾区前的精神卫生服务环节。

时间：20分钟。

角色：杨女士、杨女士的丈夫；
　　　陪伴志愿者1人；
　　　灾区当地的精神科医生1名；
　　　转移接收地K市的精神科医生1名，心理测评师1名。

点评专家：1～2名。

场地：最好在教室中间空出场地供学员演练，其他学员按小组围坐在演练场地周围观摩。

道具：椅子数把，拼成病床，以及伤员身份胸牌、医疗病历夹、评估表、手机及椅子数把。

突发事件设置：暂无。

扮演者反馈分享：10分钟。

点评：5～10分钟。

提醒：演练案例需要提前至少半天发至学员手中，方便学员准备。

第四节　受灾儿童青少年心理危机干预操作流程

一　教学分级要求

掌握：流程4-7"受灾儿童青少年心理危机干预操作流程"。

工具包4"灾后大众心理健康教育"儿童部分。

工具包6"灾后心理状况的评估实施"儿童部分。

工具包8"灾后儿童青少年的心理支持"。

熟悉：工具包2"切入技术与沟通技巧"。

了解：不同年龄段受灾儿童青少年的心理特点，儿童青少年灾后常见心理应激反应及异常反应的识别与应对。

拓展：各种与儿童青少年交往的技能（绘画、体育、游戏、歌舞等）。

二　培训内容

本培训内容分为两部分：讲课和演练。

讲课时间：20分钟。演练时间：45～50分钟。

三 讲课内容

1. **不同年龄段儿童青少年对灾难特有的心理反应** 8岁前的儿童经常以恐惧、担心、紧张、害怕、睡眠紊乱、过分纠缠亲人、难以与亲人分离，或行为退化（如表现得比实际年龄幼稚，已经掌握的技能又不会了）为主，往往不能全面描述自己所经历的灾难事件。他们往往不能识别和描述对自己造成影响的灾难事件，或者回忆灾难事件时只能描述与自己有关的部分。

9～12岁的儿童行为的改变比较明显，如容易发脾气或攻击别人，过分在意父母的情绪反应。这一阶段的儿童常通过游戏和绘画来解决复杂的心理困难，以表达他们对灾难的理解或体验。这种理解和体验既反映现实的情况，也包括幻想的成分。

12～18岁的青少年容易出现焦虑、担忧、情绪低落、愤怒等情绪，也容易出现行为冒险、疼痛等不适。他们容易通过违反纪律等攻击行为表达抑郁、愤怒等情绪，还容易做噩梦，脑海或眼前反复不自主地出现与灾难有关的情景，容易受惊。

2. **儿童青少年是灾难中最脆弱的人群之一，更容易受到灾难的伤害** 无论是亲历还是间接知晓，所有形式的灾难都会影响到儿童青少年，其身体的生长发育和心理的发展过程很容易受到各类灾难的影响和破坏。当有亲人、老师或同学遇难时，儿童青少年会感到孤独、无助和迷茫，还有些人可能会误认为自己对灾难的某些后果应承担责任，如觉得自己没能帮助同伴逃离危险等而产生自责、内疚，进而回避他人。

3. **要尽早为儿童青少年提供熟悉的生活环境和生活方式** 一时无法提供儿童青少年熟悉的环境时，可以向他们提供玩具和书籍，使他们的生活环境中有一部分是他们原来熟悉的。学校在保证安全的条件下尽快复课是最好的办法，可以帮助儿童青少年恢复生活常规，重建儿童青少年的控制感和安全感。

4. **对儿童青少年家长的支持** 成年人对于灾难的态度和反应会影响儿童青少年，所以父母应该积极处理自己的压力和调整情绪，不在儿童青少年面前表现出过度恐惧、焦虑等情绪和行为。成年人稳定的情绪、坚强的信心、积极的生活态度会让儿童青少年产生安全感，有信心重建生活。父母应该在灾后尽量与儿童青少年待在一起，帮助他们康复与成长。当成年人感到力不从心时，需要及时寻求精神科医生的帮助。

> **讲课重点**
>
> 灾后对儿童青少年的保护需要实实在在地与他们待在一起，不能随便承诺"我们都和你在一起""我们都是你的父母"之类的话。对于亲人丧失这样残酷的现实，也不能用欺骗的方法告诉孩子"他们会回来的"，等等，要帮助孩子完成对逝者的告别。

5．标准幻灯　流程标准幻灯（二维码资源流程讲解4-7）。讲课时间：20分钟。

四 演练指南

1．演练案例　地震后2周，某市儿童医院的重症病房。11岁女孩萍萍因为在地震中右下肢被砸伤坏死，已经被从膝盖下截肢，且有左下肢挤压伤，行"切开引流术"。萍萍由其母亲陪伴和照顾生活，父亲已回镇上继续救灾。萍萍在病房中情绪不稳，经常哭闹、发脾气（尤其在换药时）；有幻肢症和幻肢痛，坚持认为自己的右腿还在，并诉两条腿都疼。萍萍不让母亲离开片刻，非常依赖母亲，反复询问爸爸何时来。其行为表现比实际年龄小，显得幼稚，如要妈妈喂饭，抱着绒毛玩具不肯放手。夜里睡觉时时常惊醒，有时说梦话，偶有夜惊。比较平静时她会问起班上的同学和老师。

萍萍的母亲情绪紧张、焦虑、不时哭泣，对孩子出现的幻肢等问题不能理解，不知如何面对，孩子换药时则背过脸去不敢看。重症病房主治医师在征求了母亲的意见后，联系心理危机干预医疗队，对萍萍及家属实施心理危机干预。

2．演练要求　按照受灾儿童青少年心理危机干预操作流程图的步骤进行演练。重点练习与儿童建立关系，发现儿童的异常心理问题并干预，练习对家长的支持与健康教育。

时间：20分钟。

角色：萍萍（11岁），萍萍的母亲；

创伤外科医生1名，护士1名；

心理危机干预人员2~3名。

点评专家：1~2名。

分享时间：10分钟。

场地：最好在教室中间空出场地供学员演练，其他学员按小组围坐在演练场地周围观摩。

道具：将椅子搭成床状，准备毛绒玩具、水杯等日用品，以及健康教育宣传资料等。

突发事件设置：暂无。

扮演者反馈分享：10分钟。

点评：5~10分钟。

提醒：演练案例需要提前至少半天发至学员手中，方便学员准备。

第五节　受灾群众心理危机干预操作流程

一、教学分级要求

掌握：流程4-8"受灾群众心理危机干预操作流程"。

工具包2"切入技术与沟通技巧"。

工具包3"灾后大众心理危机干预技术"。

工具包6"灾后心理状况的评估实施"。

熟悉：工具包4"灾后大众心理健康教育"。

了解：与本流程衔接的流程4-4、4-5、4-6。

拓展：各种心理干预技术，可以先拓展短程心理咨询及治疗技术。

二 培训内容

本培训内容分为两部分：讲课和演练。

讲课时间：20分钟。演练时间：45～50分钟。

三 讲课内容

1. 直接经历灾难者或目击者可能的心理特点　这些人群指亲身经历灾难或在现场直接目击者，可具有双重身份：灾难经历者和幸存者。他们亲眼目睹了灾难发生的过程：房屋的倒塌、洪水的凶猛、火灾的炙热以及人员的伤亡等。这些视觉、听觉、味觉等感官的冲击会给人留下强烈的印象。从灾难中艰难逃生的过程，幸存后见到的社区损毁甚至消失，正常生活被破坏，灾后信息不确定和不全面，以及基本生活保障困难（缺乏水、食品、厕所、有遮挡的安身之处、简单医疗等），均会对受灾人群造成心理影响，产生震惊、麻木、"脑子一片空白"、愤怒、兴奋、失眠、躯体不适、焦虑、抑郁甚至轻生的想法。随着灾后重建的开展，受灾人群可能会相继面临财务困难、生计焦虑、临时辍学、转移安置、再生育、家庭重组等实际问题和困难，长期的压力同样会使人感到悲观、抑郁、无助甚至绝望。在少数民族地区，还可能有与宗教、文化相关的信仰危机问题。

此类人群为心理危机干预的第二级目标人群，可参照工具包2"切入技术与沟通技巧"中的相关内容与受灾者建立关系。

2. 间接目击灾难者可能的心理特点　间接目击灾难者指不在灾难现场，通过媒体等其他方式了解到灾难过程的人群。本节只讨论成年人。灾后媒体对救援过程、伤亡事件、财产损失的集中高频率报道在起到动员社会的同时，也将灾难的无情传递给大众。一些悲惨、悲壮的画面对于大众的冲击力不亚于在现场的感受，同样会对他们造成一定的心理影响。通过与媒体的沟通，指导大家（特别是儿童）观看报道，也是心理危机干预工作者的责任。

3. 受灾群众心理状况的评估与实施　灾后心理危机干预的关系建立不

同于建立医患关系、人际关系或商业关系。因为灾后的心理服务属于主动式服务，助人者需要与目标人群主动沟通，避免单纯收集数据导向的接触，评估最好在服务中进行。如果处理不好，"评估"很可能会成为对灾民的"二次灾害"，不仅使关系恶化，还会影响下一步的干预实施（工具包6）。

评估人员最好由精神科医师、心理咨询师以及受过正规培训的社会工作者、志愿者进行评估。一旦发现服务对象有悲观、自杀倾向或精神病性症状，必须在保证安全的前提下转介给精神专科医生评定。工具包6中适用于18岁以上的受灾群众（无受伤、亲友无死亡者）的工具为SRQ-20、GHQ-12及PTSD-7等，在使用评估工具前要仔细阅读指导语并按此要求进行。

评估地点要选择安全的地方，家中、落实安置点等均可，但要注意隐私保护。

4．健康教育　使用SRQ-20评估总分小于8分者或GHQ-12评分小于3分者，可以认为在评估时心理反应不明显，属于正常人群。可以通过发放健康教育资料、分享应对技巧和缓解负性情绪等其他方法进行健康教育。初始评估时为轻中度反应及重度反应经过治疗而康复的人群也需要辅助发放健康教育资料。可以将工具包4"灾后大众心理健康教育"中的相关内容制成海报、宣传单页，或将其中内容以板报的形式传播。

5．心理干预技术的实施　实施对象为经评估为轻中度异常反应的人群。即SRQ-20总分≥8分为轻度，SRQ-20总分≥10分为中度，或GHQ-12≥3分者。分值越高，说明精神痛苦水平越高。可视情况和人力资源采用团体或个体干预，具体见工具包3"灾后大众心理危机干预技术"。

经评估为明显异常反应的人群，即PTSD-7≥4分，或经过随队精神科医生专科检查存在抑郁、自杀、闪回并伴有强烈的痛苦体验、警觉性升高者，或出现精神病性症状（幻觉、妄想、显著的兴奋和活动增多、显著的迟滞或行为怪异等）者，现场干预应以精神科医生处置为主，包括药物治疗。抑郁情绪症状能够减轻者可以继续参加心理干预。其他人建议转入精神卫生专科机构进行进一步的诊治并随访。

所有干预工作都要有记录和总结，并应及时向指挥部门汇报。

> **讲课重点**
>
> 强调良好的切入是干预的重点,避免干预造成的二次伤害。开展小组干预时要团队合作,保证在规定的时间内完成全部过程。

6. 标准幻灯　流程标准幻灯(见二维码资源流程讲解 4-8)。讲课时间:20 分钟。

四 演练指南

1. 演练案例　2008 年 11 月在某条国道的出口转弯处发生了一起意外的交通事故。一辆长途客车与另一辆货车相撞后起火,伤亡惨重。事故现场邻近集市,部分赶集的村民目睹了事故的发生,几乎所有赶集的人均看到了事故后的现场,数十人自发参与了救援,包括救火、打电话报警、维持秩序、协助救援人员搬运伤员、遮盖遗体及收拾现场等。

事发 2 周后,当地镇政府要求对当时参与救援最多的村民进行心理辅导。危机干预医疗队赶到当地后,镇政府组织参与救援的村民在当地小学礼堂集中,心理危机干预队员首先对村民进行了评估、小组辅导和集体辅导。评估显示许多村民讲述到他们对当时的景象记忆犹新;有许多村民觉得入睡时间明显延迟;男性村民的烟、酒摄入量显著增加;还有的村民出现情绪不稳,容易发脾气,甚至出现攻击性;个别村民觉得人生无常,生活没有意义。

2. 演练要求　按照操作流程的步骤进行演练。重点练习快速的切入技术(破冰)和小组干预技术,以及评估的操作及对有阳性结果者的个别干预。

时间:20 分钟。

角色:参与救援的群众 6 名(可以设置不同的身份和背景,比如有退伍军人、村干部、一般村民、学生等);

间接目击者 1 名;

心理危机干预人员 2～3 名。

点评专家:1～2 名。

分享时间：10 分钟。

场地：最好在教室中间空出场地供学员演练，其他学员按小组围坐在演练场地周围观摩。

道具：椅子 10 把、评估表、破冰道具、讲课小黑板及健康教育宣传资料等。

突发事件设置：暂无。

扮演者反馈分享：10 分钟。

点评：5～10 分钟。

提醒：演练案例需要提前至少半天发至学员手中，方便学员准备。

第六节　参与救援的受灾群众心理危机干预操作流程

一、教学分级要求

掌握：流程 4-9 "参与救援的受灾群众心理危机干预操作流程"。

　　　工具包 2 "切入技术与沟通技巧"。

　　　工具包 4 "灾后大众心理健康教育"。

　　　工具包 6 "灾后心理状况的评估实施"。

熟悉：工具包 3 "灾后大众心理危机干预技术"。

了解：灾后主要社会救援的内容和常规顺序。

拓展：各种心理干预技术，建议团体干预技术优先。

二、培训内容

本培训内容分为两部分：讲课和演练。

讲课时间：20 分钟。演练时间：45～50 分钟。

三 讲课内容

1. **参与救援的受灾群众的特点** 较大灾难发生后,特别是自然灾难,几乎所有灾区人员都会参与救灾当中。参与救援的受灾群众是指本身受灾、但在灾后第一时间就投入救灾且在紧急救援阶段(视灾情不同为灾后1~3个月)担任灾难救援的人员;或者在灾后重建阶段(灾后1~2年内)一直担任与灾难相关的工作者。他们是灾难的亲身经历者、直接或间接目击者。这部分人员主要包括社区干部(村、镇干部)、基层妇联干部、社区医生、基层公共卫生人员(CDC工作人员)、当地小学或中学的教师等。与专业救援人员相比,他们和其他受灾群众一样需要各种帮助。同时,因为职业或职务的关系,他们又担负着社区层面紧急救援和灾后重建的各项具体工作。

在筛查评估中,要特别关注那些不停地工作、完全不关注自己是否已经接近耗竭的人员。他们有可能存在"灾后幸存者自豪"情绪,也有可能是因为过度悲伤而导致的"不敢停下来"。要强迫他们休息,同时要进行访谈评估,了解其心理健康状况并及时干预。

2. **灾后心理卫生工作"桥梁"人员** 灾后普及性的心理卫生服务通常会选择学校、医院或者临时安置点进行。心理危机干预的项目常常采用"培训培训者"(training of trainer,TOT)的方式,教师、村镇干部、社区医生、妇联干部往往是TOT的首选。大家都希望通过培训他们来向受灾群众传递心理健康的讯息,通过他们发现心理上需要帮助的人,并且通过他们达到转诊及随诊高危人群的目的。但若单纯地把这些人员视为"助人者"去培训,就显然忽视了他们本身需要帮助的特点。应该首先对他们进行心理危机干预服务,在他们亲身感受到服务效果之后,才能更好地协助专业人员在社区开展工作。

除此之外,其他步骤与流程4-8类似。不再赘述。

> **讲课重点**
>
> 仅仅把参与救援的受灾群众当作"助人者"来培训,可能会引起他们反感。必须让他们从心理危机干预的服务中首先获益,他们才能担负起群众需求与服务提供之间桥梁的作用。

3．标准幻灯　流程标准幻灯(见二维码资源流程讲解4-9)。讲课时间:20分钟。

四 演练指南

1．演练案例　某地台风之后连下大雨,继发内涝等次生灾害,导致房屋浸泡时间长,受灾人员只能转移到临时安置点,生活条件艰苦。灾难刚刚发生时社区干部(村支书、村长及村委会成员)、社区医生、学校老师等一直在转移人员、处理伤员、照顾学生,随后搭建帐篷、清扫街道,开始恢复重建。与此同时,他们还要向陆续到达的心理危机干预医疗队提供本社区急需帮助的人员名单,顾不上处理自己家里的问题,几乎没有机会休息。灾后第3个月,政府组织了心理干预医疗队为他们服务。

2．演练要求　按照操作流程的步骤进行演练,熟悉针对具有双重身份的基层工作者开展的评估、干预、健康教育一体的"TOT模式"。

时间:20分钟。

角色:参与灾后救援的灾区村干部3～4名(其中1名家中有近亲失踪);

　　　镇妇联干部1名;

　　　镇卫生院医生/护士1名;

　　　心理危机干预医疗队队员2名。

点评专家:1～2名。

分享时间:10分钟。

场地:最好在教室中间空出场地供学员演练,其他学员按小组围坐在演练场地周围观摩。

道具:椅子数把、评估表、血压计、听诊器及健康教育资料等。

突发事件设置：干预活动开始时，一名社区医生非常不高兴地质问道："你们是不是又来培训我们去帮助别人的？我们自己就是灾民！"场面当时僵住。

扮演者反馈分享：10分钟。

点评：5～10分钟。

提醒：演练案例需要提前至少半天发至学员手中，方便学员准备。

第7章　救援人员心理危机干预演练指南

第一节　灾后专业救援人员心理危机干预操作流程培训要求

一　教学分级要求

掌握：流程 4-10 "灾后专业救援人员心理危机干预操作流程"。

工具包 3 "灾后大众心理危机干预技术"。

工具包 4 "灾后大众心理健康教育"。

工具包 6 "灾后心理状况的评估实施"。

熟悉：工具包 1 "灾后心理危机干预医疗队组织管理"。

工具包 2 "切入技术与沟通技巧"。

了解：暂无。

拓展：暂无。

二　培训内容

本培训内容分为两部分：讲课和演练。

讲课时间：20 分钟。演练时间：35～40 分钟。

三　讲课内容

1. 灾后各类专业救援人员的心理特点　灾后救援人员主要包括救援军队官兵、武警、消防人员、有组织的救援队、医务人员、各类专业车辆的驾驶员、报道灾难与救援的媒体人员、参与救灾的民政、公安、水利、电力、通信、建筑及各级各类行政管理人员（含村、寨干部）等。他们可能来自灾区，也可能来自非受灾地区。来自灾区的救援人员本身也属于受灾人群，但同时担负着救灾的繁重任务。他们既是受灾者，也是助人者。来自非受灾地区的救援人员身份相对单一，但是灾区的环境和突然改变的生活环境使他们自身很可能在心理上受到不同程度的影响，需要针对具体人群的具体情况采取不同的心理健康教育（工具包4）、心理疏导和心理干预的措施。心理疏导和干预首先要视服务对象的体力情况，然后在心理评估之后进行（工具包3）。

2. 灾后心理状况的评估实施　评估心理状况首先需要采用适合灾区特点的工具（工具包6），其次要有良好的沟通技巧使评估能够达成（工具包1、2）。评估需要征得服务对象的知情同意，评估的目的是为下一步服务做准备，要及时将评估结果反馈给本人，对结果的解释要科学，随时给予服务对象鼓励和希望。对需要立即干预的高危人员最好立即由专业人员实施干预，没有合适的专业人员时要做好陪伴工作，保证安全。

3. 灾后专业救援人员心理危机干预重点技巧　如果服务对象背景基本一致，受灾情况不十分严重，可以首选小组支持技术（工具包1）和参与式互动技术（工具包3）。

对于一时难以介入干预的受灾人群（如安全生产事件中的遇难者家属或正在陪护重伤员的家属），可以采用发放灾后大众心理健康教育资料的方式间接起到心理支持的作用（工具包4）。

高危人群可直接采用心理急救和灾后自杀危机干预技术（工具包3）。

> **讲课重点**
>
> 本流程有三个重点：首先是救援者的双重身份，其次是评估不是简单的用量表打分，再次是评估结果要与干预密切相关。

4. 标准幻灯　流程标准幻灯（见二维码资源流程讲解4-10）。讲课时间：20分钟。

四、演练指南

1. 演练案例　某工厂发生火灾和爆炸，死亡100余人。当地"120"40余人承担了全部伤者及死者的转运工作。因火灾现场场面惨烈，绝大多数遇难者尸体被烧焦或残缺不全。当地群众情绪不稳定，因此遇难者遗体经DNA鉴定后，被安排在凌晨1点转移至殡仪馆。部分"120"人员单人单车运送遗体，路程约40分钟。

任务完成后，"120"管理者发现部分驾驶员和担架员吸烟量明显增加，睡眠不好，特别是年轻驾驶员反应明显，故主动联系指挥部，要求实施心理危机干预。

2. 演练要求　按照操作流程图的步骤进行演练，完成联络沟通与干预实施的主要过程。

时间：20分钟。

角色："120"救护车驾驶员（单人单车）1～2名，与担架员同车的司机1名。

　　　"120"救护车担架员2名；

　　　心理危机干预医疗队队员1～2名；

　　　"120"管理者1名。

点评专家：1～2名。

场地：最好在教室中间空出场地供学员演练，其他学员按小组围坐在演练场地周围观摩。

道具：椅子数把，联系工具（手机等），健康教育资料若干。

突发事件设置：暂无。

扮演者反馈分享：10分钟。

点评：5～10分钟。

提醒：演练案例需要提前至少半天发至学员手中，方便学员准备。

第二节　灾后心理危机干预人员自我照料操作流程

一　教学分级要求

掌握：流程 4-11 "灾后心理危机干预人员自我照料操作流程"。
　　　工具包 1 "灾后心理危机干预医疗队的组织管理"。
　　　工具包 3 "灾后大众心理危机干预技术"。
　　　工具包 6 "灾后心理状况的评估实施"。
熟悉：工具包 2 "切入技术与沟通技巧"。
了解：暂无。
拓展：暂无。

二　讲课内容

本培训内容分为两部分：讲课和演练。
讲课时间：20 分钟。演练时间 35～40 分钟。

三　讲课内容

1．灾后医疗队的组建重点　包括物品准备、工作计划和工作表格（工具包 1），以及灾后救援人员的心理特点和常见心理反应。

2．灾后心理干预人员自我心理应激反应的识别及自我照料　讲课形式除讲授外，推荐采用模拟组队的方式，分组讨论"如果我将要带队前往灾区，我会选择谁进入心理危机干预医疗队"，并陈述人员选择的理由；或以小组互动的方式模拟讨论"我已经被选入医疗队的准备"，分享自己的担心和应对方式（工具包 1）。借此熟悉不同个性特点、不同年龄阶段的医疗队队员防御及应对方式。也可以通过互动环节发现不适宜马上去灾区工作的队员，以更好地保护同道们的心理健康（工具包1、3、6）。

3．医疗队队员内部督导　内部督导可以采用小组支持技术或（和）后方专业督导人员的支持（工具包1）。危机干预人员在开展工作时会接触大量负性信息，有些人会联系到自己既往的类似经历而触景生情。如果不能及时疏泄和得到支持，不仅对健康不利，也会影响工作效率。医疗队队长要善于发现问题，自己处理有困难时可以要求后方督导人员的帮助（工具包2）。

> **讲课重点**
>
> 本流程有2个重点，首先是组建医疗队时要根据实际情况选人，其次是小组支持技术要讲解到位。

4．标准幻灯　流程标准幻灯（见二维码资源流程讲解4-11）。讲课时间：20分钟。

四、演练指南

1．演练案例　某少数民族地区发生地震后，邻省某市的精神卫生中心按要求组织心理危机干预医疗队队员进入灾区，参与灾后心理重建工作。因地震烈度大，波及范围广，破坏性巨大，次生灾难不断，灾区满目疮痍，故灾民情绪反应剧烈。医疗队进入灾区后工作非常忙碌，灾难现场的惨烈给部分队员带来强烈的冲击和情绪负担。某队员甚至连续几晚无法入眠，在几次工作或会议中频频走神。医疗队队长特别关注其心身状况，建议其接受督导。

2．演练要求　重点演练出发前准备和到达灾区后运用小组支持技术结合后方督导技术进行内部督导。

时间：20分钟。

角色：心理危机干预医疗队队长1名；

　　　队员2～3名；

　　　后方督导师1名；

　　　灾区当地联络员1名。

点评专家：1～2名。

场地：最好在教室中间空出场地供学员演练，其他学员按小组围坐在演练场地周围观摩。

道具：椅子数把、背包、手电（可能没有电）及手机。

突发事件设置：记者1名（由会务组扮演）。该记者在医疗队工作中不断出现，要求一起参加对受灾群众的干预工作，要求参加小组督导，并经常照相。

扮演者反馈分享：10分钟。

点评：5～10分钟。

提醒：演练案例需要提前至少半天发至学员手中，方便学员准备。

第四部分 工 具 包

第8章 工具包1：灾后心理危机干预医疗队的组织管理

> 本工具包作为第5章第一节"灾后精神卫生机构心理危机干预队组织流程"及第二节"对口支援灾区心理危机干预医疗队工作流程"的附属工具，用以介绍灾后救援团队的物品准备、团队组建、工作流程制订、团队人员培训、个人防护以及心理支持等内容的具体操作过程，也可作为灾后救援队组建的参考资料，适用于灾后心理危机干预人员、灾后救援人员及灾后志愿者。

第一节 物资准备

出发前要根据灾区的地域特点及天气和生活条件，尽量带齐所需物品。灾情较大时银行往往一时间不能工作，自动取款机也会受到影响而不能取款。带现金到灾区比较方便，但要注意安全。以下为相关物资参考，可根据实际情况增减。

一、衣、食、住、行用品

1. 衣物 适合野外生存的服装（如冲锋服、速干衣、多件换洗T恤衫）、一次性内衣裤、袜子、登山鞋、拖鞋、胶鞋、太阳帽、军用雨衣或雨伞（长杆：可防狗打蛇）、雨靴、塑料雨披、晒衣绳、夹子、衣架。

2．饮食　旅行水杯、饭盒、勺子、筷子、洗洁精、百洁布、食品保鲜袋、巧克力、牛肉干、饼干、香肠、八宝粥、方便面、腌制菜品、无糖口香糖、矿泉水，以及含糖、含盐饮料。

3．住宿用品　剃须刀、剃须刀片、指甲刀、牙刷、牙膏、漱口水、牙具杯、梳子、毛巾、梳洗包、小镜子、香皂、洗衣皂、浴液、洗发液（袋装为宜）、卫生纸、卫生巾、帐篷（人多时大帐篷较好）、彩条布、防潮垫、睡袋、啫喱消毒酒精、湿纸巾（尽量多准备，可擦洗以代替洗澡）、纸巾、可发电手电（如摩擦生电手电）、打火机和（或）火柴。

4．出行用品　（探照）头灯、登山包、行李拉杆箱、腰包、便携包、封箱胶带、多用刀、应急灯、手提扩音喇叭、指南针。

二、应季特需准备用品

1．防晒防暑用品　风油精、花露水、防晒霜、防晒帽。
2．夏秋季防蚊用品　防蚊剂、蚊香、蚊帐。
3．冬季防冻用品　防冻护手霜、暖宝宝。

三、主要药品

1．外用　酒精、碘酒、棉签、手套、创可贴、纱布、血压计、听诊器。
2．常用药　消炎药、抗腹泻药、感冒退热药、消暑药、抗过敏药，以及止痛药、润喉药、抗湿疹外用药和防蚊虫叮咬药等。
3．自用急救药品及针具。

四、工作用品

1．身份标识　身份证、职业医师证复印件、队旗、胸卡、袖标、名片等。
2．应急标识　急救服、口罩、带夜光条的多袋马甲。

3．办公用品　电脑及配件（最好有无线上网卡）、充电宝、手机（待机时间长）以及备用电池和充电器、相机及电池、收音机及备用电池、耳机、移动硬盘或U盘、干电池、记事本、笔（标记笔）、工作日志本、会议记录本、电话卡（提前充值）、随身听或录音笔，以及透明胶、双面胶、胶水及票据整理夹等。

4．资料准备

（1）培训讲稿、幻灯。

（2）量表。

（3）健康宣传资料、心理知识宣传手册。

（4）队员及相关人员联络通信录。

（5）当地地图。

（6）当地能力建设资料。

5．现金、银行卡。

五 信息准备

1．事件发生地的心理危机干预需求。

2．灾难事件相关信息　灾害类型、性质、事件进展、危害程度、伤亡情况、人文地理环境、受伤人群的组成、当地可利用资源和已经提供的服务、媒体介入程度、道路、天气、通信和物品供应情况，确定当地是否有打印、复印设备，以及是否有上网条件。

3．医疗干预队的住宿、饮食和交通安排。

4．事件发生地指挥部的地址、联系人及联络方式。

六 个人准备

个人准备包括自我心理准备及物品准备，进行工作任务交接；通知家人，进行家庭职责交接；购买意外伤害险等。

第二节 医疗队的组建

灾难心理危机干预是医疗救援工作的组成部分，一般由卫生部门负责组织。以下所指的心理危机干预医疗队（以下简称"医疗队"）包括受灾地区精神卫生机构自行组建的和其他非受灾地区选派到灾区的医疗队。

一、人员构成

（一）专业要求

以精神科医生为主，临床心理治疗师、心理咨询师、精神科护士和社会工作者为辅，适当纳入有相应背景的志愿者。注意地域特点、民族和语言方面的特殊要求。注重受灾人群中特殊群体的需要（如儿童、妇女、老人及残疾人）。

（二）素质要求

1．有相关的教育训练背景；掌握多种方法和技术，并能根据灾难的性质、环境、时期、阶段的要求而灵活应用。

2．持续接受过专业继续教育和督导，专业知识得到过更新。

3．在有关团体或机构做过相关登记，以使派遣者了解其专业知识和技能，从而做出适当的安排和调遣。

4．对自身情绪支持和身心健康状态有充分的了解，工作量不超过自身的身心负荷。

5．能够与队友建立良好的协作关系，尊重队友，能够得到队友之间的相互支持；能够在督导下进行工作；服从救援指挥部门的领导；必要时，可将专业技术、培训和参考资料提供给有需要的人；对违反职业道德的行为进行监督。

6．在新的工作环境下保持相对健康的生活方式。

7．能够借助外来资源帮助避免自身处于耗竭状态或反向移情，态度积极。

8．有同情心；能够轻松自信地面对不确定的事物。

9. 能够保持对自身情绪的觉察和接纳，认识自身的局限性。

10. 身体较好、对饮食没有特殊需求者可以优先考虑。

（三）伦理学要求

1. 尊重受助者，将受助者的利益放在第一位，不能对受助者造成伤害。

2. 获得受助者的知情同意。

3. 保护受助者的隐私，主要包括：受助者的心理或精神状态、心理问题调查结果或诊断结果、干预方案或预后判断；受助者的个人史、过去史及家族史；受助者的个人书信和日记等资料；受助者及其家人的肖像或视听资料。

4. 对有利益冲突的受助者或需要进行其他心理援助的受助者进行及时的转介。

5. 在进行研究时，研究目标必须是为了获得和推广对将来的受害者有益的相关知识，不应加入其他附带的目的，要获得受助者的知情同意，坚持对受助者无害的原则，并为受助者保密。

6. 如果个人正在经历重大的生活事件或情感困惑，建议暂时不适合加入危机干预队。

二 人数要求

每支队伍至少由 2 人组成，不可单人行动，有灾难心理危机干预经验的人员优先入选，并且至少占人员总数的 2/3。

三 人员分工

根据人员数量决定分工，只要不是独自一人工作，最好按如下结构组成：队长 + 业务负责人 + 行政后勤负责人。如果医疗队人数较多，可以分为不同分队，每个分队要有分队长和分队长助理。

（一）队长

队长必须有类似的灾难心理危机救援经验，并且接受过相关培训，负责整体管理与协调，负责制订总体干预计划和每日具体工作的安排，可以安排到分队长，负责督导的组织和任务完成后的总结。

（二）业务负责人

业务负责人协助队长做好与心理危机干预相关的技术工作，尽量做好前期的资料准备，负责培训讲员的组织、筛查问卷的准备与资料收集分析、效果评估等；及时给予医疗队队员鼓励与肯定，及时发现队员的心理问题并给予辅导督导以及进一步处置。

（三）行政后勤负责人

行政后勤负责人负责团队的后勤保障与行政、队员之间的联络沟通、与派出单位的定时汇报与沟通，有条件时每天汇报一次，邮件、短信或微信均可；根据干预计划及日程提前与各方面联系，统计并记录每日的工作量和工作内容，所有医疗队文件要及时整理与归档；协助队长进行医疗队的财务管理。

（四）分队长的职责

分队长按照计划带领本小队完成分配的任务，情况复杂时可以自行调整本分队的安排和人力，并向队长及时报告。

（五）也可以根据工作的侧重点不同，将小分队进行分工

1. 领导组　资源整合、开展工作、协调反馈、督导。

2. 技术支持组　提供相关的技术资料、组织对需培训人员进行培训，列出技术资料及培训清单。

3. 培训督导组　承担培训、督导任务。

4. 媒体宣传组　在工作领导小组的指挥下，统一负责将整体工作情况向媒体宣传，确定接待媒体的专家，各专业人员自行接待媒体的，由本人向所派出组织负责。

5. 后勤保障联络组　在工作领导小组的指挥下，统一负责后勤保障和联络工作，包括交通、餐饮、住宿、印刷及联络等，并保存产生费用的发票。

第三节 制订工作计划

外援的心理危机干预工作应该在地方救灾指挥部或是卫生行政机构的领导下,与当地的精神卫生专业机构(精神专科医院或综合医院精神科,下同)一起共同开展工作。他们到达之后与当地医院成立心理救援协调组,统一指挥灾区的心理危机干预工作。没有精神卫生专业机构的地区,应及时向上级卫生行政部门请求援助,依托上级精神卫生专业机构和当地现有的卫生系统开展工作。要尊重当地领导。当地的医疗机构特别是精神卫生机构要敢于对外援的医疗队队员实施管理,整合资源,与他们共同工作。

应根据了解到的情况及当地的需求,预先制订具体的干预实施方案,包括流程、路线、人员分工及后勤保障等。制定危机干预实施方案,并在到达现场后根据实际情况随时进行调整。

一 心理危机干预计划的制订原则

(一)总体基本原则

1．作为医疗救援工作的一个组成部分,应根据整体救灾工作的部署,及时调整心理危机干预的工作重点。

2．尽可能完整地开展心理危机干预工作,避免对被干预者再次造成创伤。

3．对受灾人群实施分类干预,综合应用干预技术,针对当前问题提供个体化帮助。

4．时刻严格保护被干预者的个人隐私,不随便向第三者透露被干预者的个人信息。

5．科学对待与评价,心理危机干预工作不是"万能钥匙"。

(二)急性期干预的基本原则

1．合理性原则　只要在心理调节的模式范围内,其任何想法和情绪也应视作正常或合理的。

2．平等性原则　在干预过程中使自己与被干预者处于平等地位,建立相互信赖的合作关系。

3．个体化原则 在应用一般指导性原则的同时，与被干预者共同面对问题，共同寻找适合他们的干预方式。

（三）恢复期干预的基本原则

1．广泛的信息收集 应收集重建过程中的各种威胁；躯体疾病、心理健康状况以及药物治疗的需求；个人和家庭的长期心理社会损失；严重而持久的内疚感及羞耻感；自杀（自伤）或伤害他人的想法和行为；社会支持的可利用性；酒精和药物滥用问题；对个人成长和家庭发展的影响。

2．社会支持网络的重建 增加救助来源的可能途径；对现有社会资源的充分利用；对不同人群（如儿童青少年）重新建立人际关系的特殊计划。

3．持续长期的心理干预 建议与当地精神卫生服务机构建立对接，开展长期持久的心理危机救助。

（四）目标工作人群的筛选和确定

灾难潜在受灾人群不一定就是开展心理危机干预工作活动的目标人群。灾难发生后，确定实施心理危机干预工作的目标人员时需要考虑以下几方面因素：

1．受灾者和潜在受灾者的数量、程度、范围等。

2．当地政府、派出部门的需求与要求。

3．心理危机干预队人员的人力、能力、财力、工作时间等。

4．关注特殊人群，如妇女、儿童、老人、受灾移民、残疾人等。

二 干预工作流程参考

应遵循"只帮忙、不添乱"的原则。

1．联系救援指挥部和各家医院，确定伤员的住院分布情况，以及救援人员情况。

2．拟定心理危机干预培训内容、宣传手册及心理危机评估工具，并紧急印刷。

3．召集人员，及时开展技术培训，统一思想。心理危机干预技术、流程及评估方法等技术路线都应该统一。

4．与当地精神卫生机构的人员进行合作。

5．分组到各家医院、社区和需要的地方，按计划对不同人群进行访谈，发放心理危机干预宣传资料。

6．使用评估工具，对访谈人员逐个进行心理筛查，并评估重点人群。

7．根据评估结果，对心理应激反应较重的人员当场进行初步心理干预。

8．访谈结束后，将访谈结果向当地负责人进行汇报，提出对高危人群的指导性意见。应特别交代灾区工作人员在照顾高危人群时的注意事项，包括简单的沟通技巧以及工作人员自身的心理保健技术。

9．对每一个筛选出有急性心理应激反应的人员进行随访，强化心理危机干预和必要的心理治疗，治疗结束后再进行心理评估。

10．对救灾工作的组织者、社区干部及救援人员进行集体讲座、个体辅导、集体晤谈等干预处理。

11．及时总结当天工作，最好每天晚上召开碰头会，对工作方案进行调整，计划次日的工作，同时进行团队内的相互支持，最好有督导。

12．全部工作结束后，及时总结并汇报给有关部门，全队最好接受一次督导。

三 工作常用表格

1．队员登记联络表（表8-1）

表8-1　队员登记联络表

序号	职务	姓名	性别	血型	过敏史	联系电话	邮箱	负责工作	其他联系人及电话

2．日常工作记录表（表8-2）

表8-2　日常工作记录表

日期	时间	工作地点	工作内容	呈现问题	参与人员	备注

第四节　培　训

根据灾难事件的具体情况，需要对不同的人群进行培训，所需资料也不尽相同。以下仅列出培训参考提纲，具体内容请参考相关资料。

 对心理危机干预医疗队队员进行培训，可参考以下内容

1．灾难的相关信息。

2．医疗队相关规章制度（信息管理与发布及工作流程等）。

3．本次灾难引起的主要躯体损伤种类及常见症状的基本医疗救护知识和技术（可到当地医院咨询）。

4．本次可能用到的常用干预技术（参考工具包3"灾后大众心理危机干预技术"）。

5．自我心理应激反应的识别与应对。

6．自我安全防护内容。

 对志愿者及其他救援者进行培训，可参考以下内容

1．灾后常见心理及躯体反应表现。

2．如何缓解灾后心理问题，进行心理急救、学会自我照料、放松技巧。

3．如何与受灾人员进行接触、提供帮助、传递消息、应对媒体。

4．助人者的心理自我保护、"过劳状态"的识别与应对。

三 大众（受灾群众）心理健康讲座

培训中注意当地文化习俗特点，选择适宜的场地、组织者和形式进行，可以通过媒体、报纸、网络、宣传手册、社区讲座及一对一咨询等进行培训，可以充分发挥当地灾民或志愿者的优势，先对有影响力的灾民和志愿者进行培训，再由他们用自己的方式对灾民进行培训。可参考以下内容准备：

1．灾后常见心理、躯体反应表现。

2．如何缓解灾后心理问题，进行心理急救。

3．灾难心理社会救援的重要意义。

第五节　安全防护

一 日常防护

（一）衣、食、住、行的安全

1．穿衣安全　尽可能穿长袖衣物，防止各种叮、咬伤；衣物尽可能选择舒适、透气、吸汗、保温适度的衣物，防冻防暑；衣物中配备红色，以备突发事件时用于求救。

2．饮用水及食品安全

（1）饮用水安全：尽可能使用瓶装水，或已得到确认的安全水源。

（2）食品卫生：避免在简易住处集中做大量食物或集体供餐，避免购买和食用摊贩销售的未包装的熟肉或冷荤菜；食品要生熟分开，现吃现做，做好后尽快食用；所有现场加工的食品应烧熟煮透。对剩饭菜一定要在食用前单独重新加热，存放时间不明的食物不要直接食用。水果、蔬菜要洗净消毒。

3．居住场所安全

（1）居住场所远离动物尸体，消杀蚊虫苍蝇，防鼠灭鼠，通风干燥，防范火灾。

（2）居住场所远离事故多发地（如滑坡、水淹等危险地），尽可能靠近救灾指挥部。

（3）贵重物品随身携带，防止丢失财物。

4．交通安全

（1）详细了解当地地质环境，防范地质灾害导致的交通事故。

（2）救灾现场大型车辆较多，应遵守交通秩序，注意交通出行安全。

（3）灾难发生地流浪动物较多（猫、狗），要预防动物咬伤，防治狂犬病。

（二）特殊防护

1．化学中毒及放射性物质污染预防　远离潜在危害源（化工厂、化学品仓库、化工商店、农资商店等），不要使用可能已经被化学品污染的物品，及时进行疏散和隔离。

2．传染病防护　根据本次灾情特点，提前了解可能发生的传染病预防知识，接种疫苗，并准备好相关救助药品等。

二 躯体防护

（一）应季防护

1．防暑　准备防暑药品，穿着宽松清凉的衣物，多饮水，工作及居住地点选择在通风、阴凉的地点，尽可能不要长时间暴晒在阳光下。

2．防冻　注意裸露部位的保温（手、脚、耳朵），涂抹防冻霜，定期活动，以促进血液循环。如发生感染或破溃，及时到专业地点就诊。

3．防晒　在裸露部位定期（每4～6小时）涂抹防晒霜，不要长时间暴露在阳光下。如有晒伤，应保持晒伤部位清洁、干燥，可用冰块或冷水冲敷，减轻损伤。

(二)外伤防护

预防动物咬伤、刺伤或跌伤等。

三 心理防护

1. 对灾难现场的自然及生活条件有充分的心理准备及预期。
2. 在有限的条件下进行自我心理防护，不成为"替代创伤者"。
3. 认识到心理救援不是"万能钥匙"，减少无力感和挫败感。
4. 作息时间尽可能规律，建议每天工作不超过 12 小时，避免"过劳"。
5. 经常与家人及朋友沟通，获得支持。
6. 每天使用放松技术。
7. 限制烟、酒的使用。

第六节 医疗队队员的内部督导

一 督导目标

维护心理健康，保证工作完成。解决被督导者工作中的实际难题，稳步提升技能；关怀被督导者的心理健康素养，推进其人格完善过程。

二 督导工作承担者

危机干预医疗队的心理督导师需具备以下基本特征：

1. 具有精神科医生、护师、心理治疗师、心理咨询师或心理学教师资格证书。
2. 长期从事灾难后群体心理危机干预的科研、教学和应用实施工作，或致力于帮助陷入心理危机的个体救援等方面的工作。

3．具备至少1次以上的自然灾难和（或）人为技术事故和（或）大规模群体暴力后的现场危机干预工作经验。

4．接受过权威机构举办的系统的群体及个体危机干预专业培训，并取得相应资格认证。

5．尽可能为医疗队队员（非必须）。

三 督导形式

1．领导者或长辈督导。

2．同事或同辈督导。

3．特殊条件下的远程督导。

四 督导内容简介

（一）时间

可依照团体督导和个体督导两种类型来划分：

1．团体督导　接触灾难现场的当天晚上进行1次，而后每隔2～3天进行1次；在结束工作，离开灾区之前需进行1次；回到原生活地后1周内至少进行1次。

2．个体督导　接触灾难现场的当天首次团体督导之后，依据医疗队队员的具体情况，对有明确需求的队员进行个体督导；在危机干预的过程中，随时依据队员的要求安排个体督导；在可能的精神卫生评估之后，依据评估结果进行个体督导。

（二）时长

团体督导1.5～2.0小时，个体督导0.5～1.0小时。

（三）地点

医疗队驻地，尽可能挑选安全和不易受干扰的场所。

（四）被督导者

危机干预医疗队所有队员，包含精神卫生工作者、护理人员、心理咨询和心理治疗人员、行政后勤人员及领导者。每一位队员都必须处于督导的照顾范围之内。

（五）工作原则

1. 无害原则　在督导过程中，应避免对被督导者产生情感伤害。被督导者也需提醒自己不可有意伤害他人。

2. 坚持原则　危机干预的工作异常忙碌，负担巨大，时间紧迫，会有很多领导者被迫处于两难境地。即使坚持计划好的督导，还是留出更多时间让队员休息。建议督导应当成为一项被严格按时、保质保量施行的制度。

3. 接纳原则　灾难现场中的危机干预医疗队所面临的视觉冲击和价值观倾覆是日常生活中的数倍或数十倍，故出现各种情绪和行为反应，均可理解为人类个体在异常环境下的正常心理表现。只要在不伤害他人和其自身生命财产安全的情况下，应予以理解和接受，并力争在督导环境下有效解决。

4. 能动原则　督导并非单向教育过程，而是在充分倾听、接纳和同情的气氛中，督导师与队员一同寻找解决工作难题的方法，进而提高队员处理问题的能力。这需要开发队员的潜力，发挥其主观能动性。

5. 有效原则　督导不可以成为无用的框架，如果督导师和队员均感觉无法在督导过程中获得有益的帮助，那么应当及时中止，重新讨论心理督导的目标和形式，并尽快建立起有效的心理督导模式。

（六）操作流程

团队督导和个体督导在操作上大致相同。

1. 准备期　所有人（督导师和队员）先处理好当天的各种事务，以防止受到干扰或被迫中断。督导师在开始之前宣布规则并要求队员理解和遵守。

2. 倾诉期　队员坦诚当天（或某个阶段中）的不良感受，或是工作中遇到的难以解决的问题。

3. 讨论期　在督导师的主持下，展开对不良感受或实际难题的讨论。内容应包括可能的原因、可改变的部分、可调动的资源及可接受的理由等。

4. 成长期　督导师与队员深入探讨不良感受和实际难题的现实积极意义、对完善人生的作用以及解决处理过程中的闪光之处。

5. 总结期　共同展现督导所得，相互鼓励和支持，重复正性、积极和带有希望的工作目标和救援原则。最后结束督导，并告知队员下一次督导的时间。

（七）特殊设置

1．建议不接纳非医疗队队员或观察员，因为会破坏督导的同质性，增加队员的不安全感。

2．问题均应限于灾难救援，而非队员的成长经历或其他未完成事件。队员的生命早期创伤应另找时机进行心理治疗。

3．即使被督导者均为精神卫生和心理学工作者，也需要反复重申队员之间人际关系的尊重原则，互相担负保密责任和安全照料责任。

（八）注意事项

1．危机干预医疗队的心理督导过程应留有简单记录并存档，由医疗队领导者负责掌管。

2．危机干预医疗队的心理督导师应当不定期与后援团队中的资深人士深入沟通，调整和修正督导的各种设置。

3．危机干预医疗队的全体队员应尊重心理督导师的情感付出和辛勤劳动，全身心投入督导过程之中。

第七节 媒体工作

灾难发生后的几小时内，主管部门和机构尽管面临许多问题，但也需要迅速推荐一个有传媒事务经验的发言人，以抢在谣言和误解之前发布正确的信息。

一 对部门和机构发言人的指导

1．在没有正式通知直系亲属前，不要透露死者或受伤者的名字，否则会引起不必要的应激。

2．承认责任，但时机不成熟时不要乱指责。

3．尽可能地向媒体提供信息，与之建立良好的关系。

4．避免以谣传为依据的信息和个人观点。

5．若问题无法回答，要如实相告。

6．给媒体提供一份简短的书面材料，材料中应有背景信息和可能的视听材料。

7．组织所有媒体代表召开新闻发布会，尽可能地公开化并鼓励媒体效仿。

8．保持镇静和自信。发言人吐字要清晰，语气要使人信服。

二 媒体的责任

1．协助备灾计划，包括救灾动员。

2．播放设计好的警报消息。

3．为人群提供和传播与灾难有关的指导。

4．在公众中灌输信心。

5．消除流言和猜测。

6．从灾难紧急阶段到恢复阶段，媒体始终是至关重要的伙伴。

7．维持信息的时效性。

三 专业人员对媒体发表言论的清单

1．准备事实清单，包括有关问题及其详细情况的清楚信息。

2．避免说行话。

3．尊重记者的出稿最后期限。

4．始终保持礼貌和客观的态度，与记者打交道时要避免幽默、讽刺和尖刻的描述。

5．如果没有信息或信息不可靠，如实告诉记者。

6．会议前要准备议事日程，包括必须传达的信息。回答记者的问题时要尽可能精确和完整。

7．如不确定问题的意义或没有听到，请记者再重复一遍。

8．如不知道答案，要尽量找，尤其是问题属于自己的专业领域时。如问题超出自己的专业，不要试图回答，承认自己不知道。

9．尽可能地保持描述事实，无论如何也不要掺杂个人观点。

10．在心理社会公共卫生领域解释自己所提供信息的来龙去脉。

11．用录音机或其他现有的工具记录新闻发布会。

12．对有关会议的结果，向记者及其编辑提供反馈信息。

四 心理危机干预人员处理与媒体关系的方法

1．作为救灾计划的一部分，分析国内报道的模式和类别，并决定哪种媒体的代表最了解灾难对健康和心理卫生的影响。

2．为媒体举办为期 2 天的特殊座谈会可能很有帮助，因为媒体专业人员在控制公众应激反应方面可以为卫生组织提供帮助，尤其在核、化学和生物性紧急事件中。建议在媒体座谈会中要描述清楚以下内容：①涉及的事实和消息；②在公共卫生实践中，灾难和紧急事件的社会心理因素；③在减少公众应激和灾难心理社会后果方面，媒体所起的作用。

3．对新闻发布的指导

（1）应尽量采取新闻发布的形式而不是进行采访，同时尽量发布目前人们感兴趣的内容。

（2）为有效利用新闻，在内容和程度上，新闻应足够引起媒体代表的兴趣。

（3）根据下列标准，资料的发放应只面向已确认的媒体代表：包括对公共卫生和灾难问题真正感兴趣的人，适用于特定人群以及可能的特定小组，应考虑到他们过去的反应和责任感。外来的媒体专业人员也应获得新闻发布的权利。

（4）应首先报告目前重要而有意义的信息。新闻界的信息发布应从回答时间、地点、人物、事件、何人关注和事件发生的梗概入手。根据情况决定回不回答或能不能回答"为什么"。

（5）发布的新闻应限于 2 页内。

（6）运用简短而直截了当的句子。如使用专业术语，需给出其定义。总体上讲，尽量避免行话和专业词汇。

（7）提供引用的来源和凭证。在反击谣言及其所致的应激时，信息来源的可信度是一种至关重要的心理工具。

（8）人记忆中的大部分信息是通过视觉获得的。因此，只要有可能，就借助视听剪辑或图像材料以及任何有用的图形资料来显示新闻发布中的信息。

（9）注重强调不能过分渲染灾难的场面、后果及负面影响，尤其是对于自杀行为的灾难事件，不要为了提高收视率或销售率而生动、细致、形象地描述自杀的过程和细节，否则易引发他人效仿。应根据世界卫生组织制定的原则，多从正面宣传灾难对人类的磨砺作用，或者找出灾难中好的方面。

参考文献

[1] 于欣. 灾后心理卫生服务技术指导要点. 北京：北京大学医学出版社，2008.
[2] 中国科协科普部，中国心理学会，中华医学会，等. 地震灾后心理疏导手册. 北京：人民卫生出版社，2008.

第 9 章　工具包2：切入技术与沟通技巧

> 在救援实际工作中，每一次灾难和每一位受灾民众都是独特的。如何在第一时间与援助对象建立良好的关系是心理干预成功与否的关键。本工具包只就切入的基本技术进行介绍，而在实际救援工作中，应充分尊重援助对象的独特性，并结合当地的习俗与文化，采取让受灾者感到熟悉和安全的方式与他们接触，会更容易取得他们的信任。

第一节　切入原则

切入的目的是与工作对象建立良好的关系，以保证评估和干预的顺利进行。在使用切入技术的过程中应遵循心理干预的最基本原则，即保密性原则、尊重原则和不伤害原则。

一、保密性原则

1. 选择让干预对象感觉安全、保密的场所进行工作。
2. 保护干预对象的所有隐私，妥善保管评估测试信息、咨询档案等材料。
3. 只在工作场合讨论干预对象的心理行为问题与处置策略，除非涉及干预对象自身和他人的安全风险。

一、尊重原则

1．尽可能收集信息，并充分了解干预对象的文化、宗教和习俗等，这是尊重的前提。

2．尊重干预对象的独立性和差异性，对所有受灾者都持宽容、尊重、接纳和不评判的态度。

3．在进入不同文化宗教区域以后，救援者不要贸然给受灾者进行心理疏导。例如，中国玉树地震灾区的民众信仰藏传佛教，在他们的教义中，人死了是不能哭的，否则死去的亲人就不能转世。如果救援者对此没有了解，试图让丧亲者通过哭泣宣泄哀伤情绪，很可能会遭到强烈的抵触。

二、不伤害原则

1．在整个心理干预过程中都不能使受救援者的身心受到伤害，尤其要避免使受灾民众受到二次心理创伤。

2．不要有意或无意地强迫切入。

第二节 切入前的准备

一、收集信息，保证信息的准确性和全面性

以下是一个可供参考的资料收集提纲，具体包括：

1．个人基本资料 性别、年龄、教育程度、宗教信仰和工作性质等。

2．受灾情况 家中成员死亡或受伤情况、本人是否受伤、恢复情况、家庭财产损失状况以及目前获得的救援资源是否充足等。

3．家庭状况 家庭的基本情况，包括家庭收入状况、居住环境、家庭

成员的健康状况、家庭成员的沟通方式以及成员之间的支持系统等。

二 准备一些让干预对象感受到被关心的物品

如果有条件，可以准备热茶、热牛奶或热巧克力等。再准备一些纸巾，需要的时候递给干预对象。

第三节 切入技术建议

一 干预对象为单独个体的切入技巧

（一）初次见面的切入技巧

1．当干预人员初次接触干预对象时，首先要做简单的自我介绍，包括姓名、来自哪个单位、救援工作角色以及本次到访的目的等，可以笼统地把自己介绍为"医生"。

2．如果可能，最好由当地人将心理干预人员引荐给援助对象，这样可以提高对干预人员的信任度。

3．最好与熟悉当地方言或少数民族语言的人同行。

4．队员可随身携带一些简便常用的医疗仪器，如听诊器、血压计、血糖仪等。有条件的医疗队还可以与内科医生、中医同行，以便为干预对象提供快速、免费的身体检查和保健咨询等，这样可以大大提高干预对象的接纳程度和主动参与度。在体检过程中，就可以顺便询问躯体化症状，如灾后是否出现了失眠、疼痛等，便于快速筛查出高危人群。

5．巧妙地使用社会交往技巧，如给儿童发糖、文具，与儿童一起玩游戏，与成人拉家常等都会拉近与干预对象的距离。

（二）用非言语信息促进沟通效果

研究表明在人际沟通中，有80%的信息是通过非言语来传递的。干预者不仅要关注到干预对象的非言语信息，同时也要通过调整自己的表情、声调、身体姿势等促进沟通的效果。

1．保持温和适当的目光接触　干预者应温和地注视着干预对象，以对方的面庞范围为宜。如果发现对方感到不自在，也不要紧盯着对方。一般来说目光接触越多，沟通越有效。如果发现干预对象的主动目光接触很少，则需考虑调整自己的谈话内容和方式。

2．保持关切而非评判性的语调、语气，传达积极认同的信息　干预者说话的声音不要太大，音量以等于或低于干预对象的音量为宜。语速应稍缓，尤其对方激动的时候，更应该保持平静。

3．保持适当的身体姿势，表达对干预对象的关注　一般来说，身体前倾可表达对对方的关注和关心。干预者宜采用身体自然放松、抬头挺胸并略微前倾的姿势，双臂放置于身体两侧。随着谈话的内容，干预者与被干预者有适度的手势和目光接触，并配合自然的表情、点头等动作。

干预者一定要避免出现身体前后左右摇晃、抖腿、懒散、双手交叉的姿态，说话时不要抓头发、用手捂口、摸鼻子、揉眼睛、无意识地摆弄手中物件等小动作。

（三）通过干预者的自我暴露，促进信任关系的建立

自我暴露是一种有助于干预者与干预对象建立相互信任和开诚布公的良好关系的影响技术。干预者的自我暴露行为可以使干预对象的自我暴露增多，告诉对方自己过去一些相关的情绪体验及经历、经验，比如遭遇过类似的不幸，有过相似的负面情感体验等。这种技术在初次接触干预对象时十分常用，可以使干预对象感到更多的共情、温暖和信任。

（四）有效倾听，创建轻松和信任的氛围

有效的倾听能直接传达出对干预对象的尊重和共情，并有利于创建宽松和信任的氛围，使干预对象更愿意倾诉。

1．倾听不是简单地听，有效的倾听应该做到：

（1）要认真、感兴趣、设身处地地听。

（2）适当地表达理解。

（3）不带偏见和框框，不做任何评判。对干预对象所说的内容不应表现

出惊讶、厌恶、奇怪、激动或气愤等神态，而是予以无条件的尊重和接纳。

（4）倾听不仅用耳，更要用心。不但要听懂求助者通过言语、表情和动作所表达出来的信息，还要听出求助者在交谈中所省略的和没有表达出来的内容或隐含的意思。

（5）以机敏和共情的态度深入求助者的感受中去，细心地注意对方如何表达问题，如何谈论自己及与他人的关系，以及如何对所遇到的问题做出反应。

（6）适当回应。反应既可以是言语性的，也可以是非言语性的。倾听时鼓励性的回应有点头和言语（"是的""噢""确实""说下去""嗯"等）。用某些简单的词、句子或动作来鼓励求助者把会谈继续下去，认真专注、充满兴趣，并且常配合目光的注视，同时这种点头要适时、适度。微笑也是一种很好的回应。

2．要避免以下几种错误的倾听方式：

（1）不充分倾听：干预者注意力不集中，或者被个人的烦恼或需要所占据，导致的结果是干预对象会感到干预者没有在听他讲，同时干预者也会错失交流中暴露的重要信息，导致工作关系无法深入。

（2）评价性倾听：干预者对听到的内容进行评判，从而失去客观性，导致干预对象感到被评判或被误解。

（3）选择性倾听：干预者根据由偏见或成见形成的先入为主的观念去听他期望或想听到的东西。在这种情况下，干预对象会感到被误解，影响对实际情况的正确评估。

（4）以事实为中心的倾听：干预者倾向于过多地提问题，追问干预对象时只听外显的内容（言语信息），而忽略潜在信息（非言语信息以及潜在的想法、情绪等）。此时，干预对象会对干预者产生距离感、被逼迫感，这样势必影响工作关系的建立。

（5）彩排性倾听：干预者只想着如何对干预对象做出反应，在脑子里不停地设计回答的内容，无法把注意力集中在干预对象身上，从而导致干预对象失去对干预者的信任感。

（6）同情性倾听：干预者被干预对象的故事内容和情绪所吸引，过分沉浸其中，无法从其中超脱出来。缺少专业训练的志愿者可能会犯这样的错误，结果是干预对象可能感到被理解了，但是没有得到帮助。干预者因为失去了客观性和适当的距离，最后导致工作无效且筋疲力尽。

3．倾听过程中实用的小技巧。

（1）如果发现干预对象正在为生存问题担忧，应尽力提供帮助或帮助他们获取援助资源。

（2）如果诉说者情绪激动，必然导致无法把事情说清楚，此种情况常见于女性诉说者。握着手、扶着对方的肩膀都是很好的安抚情绪的方法。

（3）对没有听懂或没弄清楚的地方要及时提出并沟通，以免造成误解。但不要喧宾夺主，更不要把话题扯开。在对方说完前不要急于发表观点，也不要提前在心中做出预判。

（五）准确共情，感同身受

共情、真诚和无条件积极关注被称为建立良好咨询关系的三个充分必要条件。共情被认为是影响心理咨询关系建立和发展的首要因素。在心理危机干预过程中，面对经历灾难的民众，干预者能准确共情、感同身受地去切入和倾听，就显得更为重要。因为共情可以：

1．使干预者能设身处地地理解干预对象，从而能更准确地掌握有关信息。

2．使干预对象感到自己被悦纳、被理解，从而会感到愉快和满足，这对关系的建立会有积极的影响。

3．可以促进干预对象的自我表达和自我探索，从而可以更多地了解自我，并与干预者进行更深入的交流。

4．对于那些迫切需要获得理解、关怀和情感倾诉的干预对象，共情更有明显的帮助和治疗效果。

研究者根据共情效果的好坏，将共情水平分成了以下五个层次。为了便于理解，下面通过心理咨询中的一个案例来说明不同共情水平的差异，以便为干预者提供一些参考。

水平1——没有理解，没有指导。咨询者的反应仅是一个问题或否认、安慰及建议。

水平 2——没有理解，有些指导。咨询者的反应是只注重信息内容，而忽略了情感。

水平 3——理解存在，没有指导。咨询者对内容，同时也对意义或情感都做出了反应。

水平 4——既有理解，也有指导。咨询者对求助者做出了情感反应，并指出对方的不足。

水平 5——理解、指导和行动都有。咨询者对水平 4 的内容均做出了反应，并提供了行动措施。

举例说明：

来访者："……我觉得很难过、很难过，因为我从来没担心过高考，就算想，也只是估计自己能不能取得优异成绩。唉！想不到居然名落孙山，真是越想越不服气。今年的高考其实并不难，班上成绩中等的人都考入了大学，没想到一向佼佼者的我……我觉得考试根本就不能正确评估一个人的成绩，况且读书也不是为了考试，这样我也就想开了，决定参加工作算了，但我的父母骂了我一顿，坚持说考上大学才有出息，一定要我参加补习班，然后再考。和他们争了几天，没有结果，我都烦死了。"

（水平 1）咨询者："你为什么感到如此悲伤？"

（水平 2）咨询者："你一向成绩很好，但想不到高考失败了。"

（水平 3）咨询者："因为高考失败，所以你感到很失望、很难过。"

（水平 4）咨询者："因为高考失败，所以你感到很失望、很难过，也不清楚前面的路该如何走，心中很乱。"

（水平 5）咨询者："你一向成绩很好，从来没想到高考会失败，因此你感到特别失望与难过，也有点气愤。与父母商量后，似乎非读书不可，但自己实在有点儿不甘心，因而内心很矛盾。"

点评：

水平 1： 咨询者似乎根本没有留意当事人所说的话，而他问干预对象为何这样悲伤，是个很不妥当的问题，反映了他不但没有留心倾听，而且还完全忽略了干预对象所表达的重要感受。这是一种无效且有害的共情，应该避免。

水平2：咨询者的反应虽然在内容上和干预对象表面所说一致，但他只注意了干预对象表面的感受，故在反应中只有内容上的复述，缺乏感情的响应。从他的反应中可看出他的倾听不是很准确，以致了解得不够全面。

水平3：若要在咨询过程中产生有效的结果，咨询者最起码要具有共情。在此层次，咨询者的反应与干预对象所表达的意义和感受比较一致，但未能对干预对象较深的感受做出反应，即没有对隐藏于言语背后的感受做出共情反应。

水平4：共情程度较高。在咨询者的反应中，他表达的感受已经比当事人所能表达的感受更深，即咨询者把来访者深藏于言语背后的感受也表达了出来，因此当事人可由此来体验和表达起初未察觉和未能表达的感受，同时还可以把握这些感受背后的涵义。

水平5：做到了最准确的共情。无论在表面或深层的感受上都很准确。他不但明白当事人很失望和难过这些表面的感受，把气愤、不甘心和矛盾等这些深层次的情感也做了准确的回应。此时，咨询者做到了对当事人全面而准确的共情。

二 干预对象为家庭的切入技巧

来到安置点，灾民往往以家庭的形式聚集在一起，如何迅速与一家人建立关系也是有技巧的。

1. 切入通常可以从更喜欢倾诉的女性或老人开始。

2. 对于有孩子的家庭，建议从孩子身上聊起，询问孩子的情绪状态、学习情况及睡眠情况等，因为这类话题通常是父母最关注的。

3. 如果孩子在场，可以跟孩子做一点符合年龄特点的简单游戏，或者准备一点孩子喜欢的小礼物。跟孩子建立起融洽的关系后，父母及其他家人也就很容易沟通了。

三 干预对象为团体的切入方法——破冰活动

破冰活动是使所有队员快速、有效建立关系的一种常用方法。在活动的设计上，应该考虑年龄特点，将当地人喜闻乐见的娱乐活动形式融入破冰活动中，会取得更好的效果。

以下按成人和儿童两个群体，各举了几个比较容易操作的破冰活动的例子供参考。

1．成人团体破冰活动举例

（1）拍肩按摩

活动说明：播放欢快的音乐，请大家围成一个圈，把双手搭在前面人的肩上，为其按摩，然后为其敲敲背，问对方"舒服吗？"。然后全体向后转，把双手搭在前面人的肩上，为其按摩，然后为其敲敲背，问对方"舒服吗？"。

（2）踩气球

道具：气球、线。

活动说明：分成两个组，每个人的脚上绑两个气球。"开始"的命令响起后，每个人必须去踩破敌队的气球，同时还要保持自己和队友的气球不被踩爆。

（3）击鼓传花（球）

道具：气球或其他替代物。

活动说明：数人或几十人围成圆圈坐下，其中一人拿气球（或其他替代物）。另一个人背对着大家或者蒙眼击鼓（桌子、黑板或其他能发出声音的物体）。鼓响时众人开始依次传花，至鼓停止为止。此时花在谁手中，谁就上台表演节目（多是唱歌、跳舞、说笑话等）。

（4）抢椅子

道具：音乐设备、椅子。

5人或更多人为一组，围着椅子转圈（椅子数量比人数少一个）。在音乐声中，大家齐围着这组椅子走或跑，音乐声停止时，大家抢坐到椅子上，未抢到椅子的人被淘汰，抢到椅子的人再组成新的一组，并减少一个椅子继续游戏，直到最后剩一个椅子、一个人为止。每次没有抢到椅子的人都进行自我介绍，并表演一个节目。

2．儿童团体破冰活动举例

（1）涂鸦

适合年龄：4～16岁。

道具：白纸、彩笔。

活动说明：绘画可以帮助儿童表达情感，对于不愿意或无法用语言表达自己情感的儿童来说，这种形式尤为有效。可以让儿童自由想象发挥，也可以根据活动目的限定主题，如"梦想""过去和未来"和"送给好友的礼物"等。

注意：活动时间在15～20分钟，可集体进行，也可单独进行，也可做成海报或贺卡等。

（2）接球

适合年龄：7～9岁。

道具：气球或皮球。

活动说明：小组成员围成圈，小组长把球扔给其中一个人，说"你好，我叫××"。那个接住球的组员就说"你好，××"。然后这个人就把球扔给另一个人，说"你好，我叫××"。最后一个接住球的人应该是小组长，此时游戏结束。

注意：为了确保活动秩序并让大家彼此认识，活动开始前应该强调只有拿到球的人才能说话。

（3）气球大战

适合年龄：7～9岁。

道具：绳子、气球。

活动说明：任何一个场地都可以变成比赛场地。清理场地，在场地中间拉一根绳子。可以标示场地线，规则就是不能让气球落地，每组3～5人。

（4）拆礼物

适合年龄：7～12岁。

道具：用多层纸包好的礼物，可以是一盒小玩具或独立包装的糖果等。

每层包装纸上都有一个指令，如"跟坐在你左边的人打招呼""向对面的人微笑""把礼物传递给还没有轮到的组员"等，最后一条命令应该是"与大家分享这份礼物"。

活动说明：让小组成员围坐成一个圆圈。小组长坐在中央，他把礼物传递给每一个组员，然后开始播放音乐，礼物在组员之间传递。当音乐停止的时候，礼物传递到哪个组员手里，该组员就要打开一层包装纸，并执行这层包装纸上的命令，然后该组员把礼物传递给旁边的组员。音乐响起，继续传递。当大家执行到最后一条指令——分享礼物时，游戏结束。

注意：要确保每个孩子都能分到一份小礼物。另外，如果没有音乐设施，也可改为击鼓传花的形式，还可以跟儿童一起自制能发声音的工具，如把小石子、玉米、豆子等装到纸杯或空瓶子中，封上口后一起摇出声音来，主持人随时喊停。

（5）我最喜欢什么

适合年龄：7～12岁。

道具：气球。

活动说明：事先在气球上画上食物、颜色、动物的词语或图案。活动开始时，小组成员围成一个圈，一个小组成员把球扔给其中的一个组员。他抓住球后，看看上面的词语或图案，从中选择一个，说："我最喜欢的食物（颜色、动物）是……"然后把球扔给另一个组员，每个成员都轮了一次以后，游戏结束。

注意：本游戏还可以变化为在气球上写姓名、爱好、自己的愿望等。

（6）穿越隧道

适合年龄：7～15岁。

道具：长绳。

活动说明：在走廊的两头系上齐胸高的绳子，选手后仰着并屈膝从绳下通过。手不能接触地面，身体不能碰到绳子。犯规者出局。选手们都通过后，把绳子降低几厘米，以此类推，直到有一个人胜出。

注意：根据年龄不同，绳子高度设定的不同。

（7）猜猜看

适合年龄：7～15岁。

道具：印有动物名称和图案的卡片。

活动说明：由指导者悄悄告诉一名儿童一张卡片的内容（如蝴蝶），要求儿童不可以提到这个动物的名字，但可以用语言表述，或用肢体语言模拟，其他儿童猜他描述的是什么动物。

注意：游戏可以从简单的开始，年龄大些的孩子可以增加常用体育或其他用品、常见成语等。

附：切入案例分享

一 干预对象：亡者亲友

背景：某城市在3个月内先后经历了地震和泥石流灾害。1年后经过重建，灾民基本搬到了安全的地方居住，但仍有小部分灾民不愿离开灾难发生地点。

对象：不离开灾难发生地点的老婆婆。

案例描述：当干预者见到老婆婆时，她独自一人在山上的灾难纪念碑的附近捡野菜，不主动与人接触，不讲话。干预者主动走上前与婆婆一起捡野菜。

干预者："婆婆，我这里还有，给您。"（说着，把手上的野菜递给婆婆。婆婆抬头看了看干预者，说了声"谢谢"。）

干预者："婆婆，您这捡的野菜是拿来做什么的？"

婆婆："自己吃的。"

干预者："野菜怎么个吃法啊？"一边说一边继续捡野菜。

婆婆："喝着稀饭一起吃就行。"

干预者："您这么大岁数，就吃稀饭野菜，身体能行吗？"

婆婆："我身体还好。"

干预者："那您住在哪里啊？"

婆婆："就住在山里，山里还有几个人没走。"

干预者："您要捡多少菜，家里几口人吃啊？"

婆婆："哎，就我一个人啦！"

干预者："您家里也受灾了吧？"

婆婆："一场地震带走了我儿子和媳妇，剩下我和老伴、孙子。老伴的腿被砸伤了，我照顾了他几个月，结果一场泥石流来了，一家人只剩下我一个……"（婆婆说着眼泪流了下来，干预者马上拿出纸巾给婆婆擦眼泪。）

案例点评：灾难过后，婆婆内心带着幸存者的内疚和对亲人的眷恋，一直不愿意离开灾难事发现场，离群索居，不与人交谈。干预者与婆婆一起捡野菜拉家常，使得婆婆感到了干预者对她的关心，于是从被动的应答转变为主动的倾诉，并将压抑的情感释放出来。

二、干预对象：地震伤员

背景：地震后被抢救的伤员被送往医院治疗，由于身体疾病、残疾，伤员的心理应激源长期存在。

对象：右腿切除的受灾青年。

案例描述：干预者第一次接触干预对象的时候，该青年沉默不语，总是一个人在看书。仿佛对发生在自己身上的不幸十分抗拒，不愿意面对自己的残疾，也不愿与人交流。

干预者不缓不慢地走过来，微笑着说："刚才查房的时候我注意你很久了。"青年抬了抬头看了干预者一眼，没有吱声。

干预者继续说："你喜欢看书？这些天你一直在看书。"青年没有说话，但把书放在了床边。

干预者："能给我看看吗？"青年没有拒绝。干预者把书拿起来，一边翻看一边说，"我心情不好的时候也喜欢一个人看书，让我能平静下来。"青年的目光瞄了一眼干预者。

干预者："我心情不好的时候也不讲话……不过没关系，我每天都在这边，可以给你读读书。"青年仍然不说话。之后几天里，干预者都主动找青年，并给青年读书。终于有一天，青年开始感到好奇，问了干预者的姓名和身份，开始与其进行交谈。

案例点评：在这个案例中，干预对象由于经历了重大创伤而导致自我封闭，否认现实，表现得消极和退缩。干预者采用陪伴的策略，不急于与干预对象讨论心理问题，从而让干预对象感到安全，放下防备，并对干预者产生好奇。

三 干预对象：普通受灾家庭

背景：地震数月后，灾区居民被安置在板房区，基本生活得到了保证，但一些灾民尚未恢复正常的生活秩序，后续突发事件也在影响着灾民的心理状态。

对象：板房区某家庭。

案例描述：当干预者来到这一家时，并没有受到欢迎。男主人看外人来了，就钻进了房间最里面，坐在床上抽烟。女主人坐在门前发呆，打量着外来人。干预者进行了自我介绍，询问女主人家里有什么需要帮助。女主人摆摆手，说没有。正在这个时候几个神情严肃的男人不知是从哪里冒出来的，要检查干预者的身份证，态度十分不友好。干预者询问来者的身份，来者称自己为便衣警察。干预者只好出示证件，解释自己的目的是进行心理健康调查以及心理帮助。这时，板房里的居民们也纷纷从各自的房间里探出头来，就连男主人也立在了门前。当盘问结束之后，便衣警察消失了。干预者感到了气氛的异样，马上关心地问居民，最近是不是发生了什么事？对面板房的居民说："最近出了事儿，生怕有记者来报道，所以到处是便衣警察，我们想出去都难……"干预者马上意识到刚开始灾民之所以不敢接触干预者是怕惹上麻烦，便再次向居民解释了自己的身份，就最近的突发事件与他们攀谈起来，从出行不便聊到日常生活和孩子上学等，没过多久就打开了话题。

案例点评：在实际工作中，干预者可能遇到各种突发状况，保持机敏的观察力，因势利导十分重要。在便衣警察对干预者进行盘问之后，灾民从对干预者的防备心理转变为认同。干预者很快觉察到这一点，设身处地地为灾民着想，从生活的方方面面展开话题，逐渐深入交谈。

四 干预对象：救援者

（注：救援者可能是灾民本身，或专业的援救队伍，也可能是志愿者。）

背景： 地震之后，灾区的村长和村支书等基层干部立即投入救援工作。他们不仅是灾民，同时也承担着救灾重任，平日里很少有机会找人倾诉。几个月紧张的工作之后，很多人出现了心理应激反应。在一次团体心理干预活动中，村支书接到上级通知来"开会"。到了干预现场，他们表现得十分拘谨。

干预对象： 基层干部救援者。

案例描述： 在现场气氛较为拘谨的情况下，为了打消干部们的顾虑，主持人首先带领大家做了破冰活动。通过击鼓传花、成语接龙游戏的方式让现场活跃起来。随着笑声，干部们开始相互交谈，也对心理干预活动有了认同。现场还设置了内科医生免费体检。很多干部不愿谈及自己的心理压力，但是很愿意和内科医生谈自己的身体状况，在体检的过程中了解到很多人出现了失眠、胸闷、疼痛等症状。内科医生为他们提供了保健咨询，同时把这部分人转介给现场的心理医生。由于先前内科医生热情悉心的诊疗让干预对象对整个团队产生了信任，所以后续心理医生谈话也开展得较为顺利。在活动间隙，心理干预人员也和干部们打成一片，敬酒、拉家常，了解了很多情况，建立了联系。

案例点评： 这是一次成功的团体活动，是国内首次针对基层干部开展的心理干预活动，在团体活动的设计上充分考虑了人群特点，现场气氛和节奏控制得也非常好，活动最终得到了积极的反馈。

五 干预对象：儿童青少年

背景： 在一场地震中，很多学生被埋在了学校废墟中，幸存的孩子被接回了家与父母住在一起，但表现出沉默不语、做噩梦、不愿提及在学校里的事等。

干预对象： 在地震中幸存的 7 岁女孩。

案例描述：干预者是在女孩的家中遇到她的。当时女孩蜷缩在一个角落，一双眼睛十分警觉地看着周围。家长说这孩子一直都不愿意提在学校里经历的事情，最近很少说话，晚上睡觉时会尖叫。

干预者走到女孩面前蹲下，笑着说："你好啊，小美女，我是××，你可以叫我×阿姨。你叫什么名字啊？"女孩不说话。

干预者从包里拿出一盒彩笔和纸，问女孩："你想不想画画啊？"女孩犹豫地走过来。干预者在纸上画了一些花朵和图案，然后递给女孩一支笔，说："你也来画吧。"女孩接过笔开始画。在女孩画的过程中，干预者不断地赞美她画得好，她的脸上也露出了笑容。接下来，干预者又和女孩一起玩了互动游戏，她变得活泼起来……就连女孩的妈妈都说，好久没有看到她这么高兴了。

案例点评：地震导致孩子内在的秩序感被打乱，外在的生活和学习秩序也被打乱了。干预者与孩子一起做游戏，使得孩子从混乱的状态中恢复到平日的生活秩序感，孩子自然也就放松活泼起来了，接下来的交谈也就比较容易了。

参考文献

中国心理卫生协会. 国家职业资格培训教程——心理咨询师. 北京：民族出版社，2012.

第10章 工具包3：灾后大众心理危机干预技术

第一节 心理急救技术与实施

一 概况介绍

心理急救（psychological first aid，PFA）是一种有循证依据的、在灾难发生后初期用于帮助受灾难直接影响的人群的模块式干预方法。心理急救不仅可以减轻灾难初期给人们心理带来的巨大痛苦，而且可以增强短期和长期的功能性适应能力。心理急救和灾难发生后的心理危机干预不同，它处理的是灾难早期的心理反应，不是专业的心理咨询，所以并不一定要求由专业人员来实施。

二 心理急救的基本原则

1. 科学性原则　有科学研究证据的支撑。
2. 实效性原则　可操作性和实用性。
3. 针对性原则　目标群体明确。
4. 灵活性原则　因地（文化）制宜。

三 心理急救实施前的准备

心理急救前的准备，首先要评估灾难发生后是否后续会有次生灾害的发生，以确定在何种场所、以何种方式进入心理急救工作。同时要通过各种途径了解哪些群体是高危群体，心理急救要提供哪些有效的服务。并且根据了解的情况，结合当地的文化特点，分组进行心理急救工作。在做好物品等准备工作的同时，也要评估参与工作的人员心理状态是否处于平稳状态。

（一）心理急救的对象

1．经历灾难的人群，包括儿童、青少年、成年人和老年人等，并进行分组。

2．参与灾难救援的人员，包括志愿者、军人和医生等。

（二）心理急救实施人员

1．医疗队医生。

2．志愿者。

3．军人。

4．宗教文化工作者。

5．心理工作者以及精神科医生。

6．其他人员。

（详见工具包1"灾后心理危机干预医疗队的组织管理"）

四 心理急救的基本评估和干预

实施心理急救时首先要进行分诊，分诊时的评估和基本干预可以从以下三个层面开展。

A．唤醒（arousal） 评估幸存者的唤醒度。干预要点：慰藉和安慰，提供安全感，使其平静放松和与家人团聚并远离危险，确保其有满足生存基本需要的生活必需品。

B．行为（behaviour） 评估幸存者的行为。干预要点：保护那些因受灾害影响而出现异常行为的幸存者，使其不受异常行为的伤害；与其建立稳定的联系，帮助其获得控制感，促使其生活常规化，并提高适应性。

C．认知（cognition） 评估幸存者的认知。干预要点：进行有效沟通，传达准确的信息，澄清认知上的偏差，帮助其专注于现实。

五、心理急救的八大核心模块

1. 接触和参与　介绍自己和自己的服务，前提是自愿的原则，以平和的态度进行交流，不能用怜悯的态度提供服务。目的是建立良好的关系，并要注意保密的原则。在跟丧亲和受伤的人员一起交流时，注意不能主动问及其对此的感受，和儿童交流时可以携带一些卡通图片等（工具包7、工具包8）。

2. 安全和舒适　确保开展服务时人身的安全，协助提供生活必需品；及时与被服务人员进行信息交流与反馈；提供必要的生活中现实的服务，比如照顾小孩、老人等，甚至是看护已经发现的尸体等工作。目的是给幸存者提供一个心理上比较安全和稳定的支持环境，并及时发现高危需要转介到精神卫生机构的人员。

3. 稳定情绪　安抚和引导在灾难中情绪反应激动的幸存者，必要时联系精神卫生机构提供药物治疗。

4. 收集信息　收集和了解幸存者在灾难中的损失等基本信息情况，以及相关需求信息和身心反应信息，便于制订个性化心理急救干预措施（具体表格见附件"心理急救"。

5. 实际帮助和服务　提供有效的心理帮助支持，了解他们最急切的需求并讨论如何提供帮助。

6. 联系并帮助建立社会支持系统　尽快建立社区支持系统，使幸存者能够尽早与他人建立联系，包括家庭成员、朋友、邻居、社区领导和社区服务机构等。

7. 灾难认知与应对教育　提供心理健康教育，使幸存者了解灾难发生后身心会出现哪些反应，并将其正常化。同时，学习应对的方法，比如放松技术和情绪管理等，以改善睡眠和酗酒等问题。儿童对死亡和灾难的认知参考儿童心理援助部分。

8. 联系与转介　帮助幸存者与需要的（目前和未来）机构建立联系，

或提供相关机构的基本信息给幸存者，并及时转介有特殊问题的幸存者。

【注意事项】

1．心理急救工作人员在出发前先要做好个人的物品准备以及身心评估与检查。

2．要建立心理急救人员定期的心理减压和督导机制。

3．注意文化中的积极因素和禁忌。

4．建立保密机制，并告知服务是在自愿参与的前提下开展的。

5．建立关系最好的方法是从现实需求出发，比如食物、水等。

6．开展服务时应考察场地是否会发生次生灾害，以确保人身安全。

7．对因灾致残的人员，如有可能，安排心理干预人员现场陪伴，关注并接纳患者的心理反应。

8．要注意处理急性应激反应和可能出现的抑郁、自杀等严重问题，及时寻找专业人员的帮助。

9．见面时目光中不要显示出奇怪或好奇的样子，不能把目光停留在残疾部位，也不要用同情的眼神看着他们，尽量用正常的目光看待他们。

10．跟有丧亲和肢体残疾的人交流时，不要主动强迫提及伤感话题。特别注意回避与其生理缺陷有关的词语。

11．心理急救的目标是减轻痛苦的感受，提供帮助，不是心理治疗，因此也不必采用暴露等专业技术。

12．不要使接受帮助的幸存者对心理急救人员建立依赖，要鼓励其在力所能及的范围内积极进入自己的社会系统，尽早适应灾难后的生活。

附：心理急救

 概述

1. 什么是心理急救？ 心理急救（psychological first aid，PFA）是指对遭受创伤而需要支援的人提供人道性质的支持，采用确证有效的方法在各种灾祸发生后立即对儿童、青少年、成人和家庭提供帮助。心理急救用来减轻由创伤事件所引起的苦恼，并且促进个体近期和远期的适应性功能与应付能力。心理急救的内容包括：

- 在不侵扰的前提下，提供实际的关怀和支持。
- 评估需求和关注。
- 协助人们满足基本需求（例如食物、水和信息）。
- 聆听倾诉，但不强迫交谈。
- 安慰受灾者，帮助他们感到平静。
- 帮助受灾者获得信息、服务和社会支持。
- 保护受灾者免受进一步的伤害。

心理急救的原则和技术符合四个基本标准：①与现有的关于创伤之后发生的危险与康复的研究证据一致；②在干预现场中实际可操作；③适合不同年龄的受灾者；④提倡与文化背景相适应，提供灵活的干预方式。心理急救认为：不是所有的受灾者都将会发生严重的心理健康问题或在康复中有长期的困难。心理急救的基础是：充分认识到，受灾者和其他受此事件影响者将会经历多方面的早期反应（例如，躯体、心理、行为及精神上的反应）。一些反应将会导致受灾者苦恼，足以干扰其适应性的应付方式，而提供充满理解和关爱的支持则可以帮助受灾者康复。

2. 谁需要心理急救？ 心理急救被提供给遭受灾祸或恐怖袭击的儿童、青少年、父母或照料者、家庭和成人。心理急救也被提供给首先到灾祸现场者和其他赈灾人员，需要及时接受更高级帮助的人，尤其包括

受到严重、危及生命安全的伤害而需要紧急医疗救治的人、因过分心烦意乱而不能照顾自己或孩子的人、有可能伤害自己的人以及别人的人。然而，并不是每一个遭受危机事件的人都需要和愿意接受心理急救，不要强行帮助那些不愿意接受帮助的人，而应使自己随时可以为需要帮助的人提供服务。

3．由谁提供心理急救？ 心理急救由心理健康工作者以及那些协助对儿童、家庭和成人灾后早期援助的人们提供。这些人可能属于不同的单位，如学校危机反应队、社区紧急反应队、市民团体和其他赈灾组织。不是只有专业人员才能提供，心理急救不是专业心理咨询。

4．何时应该提供心理急救？ 心理急救是一个支持性的干预，在灾祸和恐怖袭击后立即提供。当儿童、成人和家庭被灾祸和恐怖袭击影响时，心理急救是对其需要做出心理、社会反应的首选紧急干预。可以在初次接触到非常困扰的人们时提供心理急救，通常是在事件发生当中或事件刚刚发生之后。然而，有时也可能是在几天或几周之后，这要根据事件持续的时间和严重程度来决定。

5．提供心理急救的地点 心理急救可以在不同的干预现场提供。心理健康人员和其他灾祸反应人员可以在庇护所、野战医院、急诊部门、紧急行动中心、危机热线、灾祸协助服务中心、家庭接待和协助中心及其他社区干预现场提供心理急救。

6．心理急救的特点
- 心理急救包括收集基本信息的技术，帮助干预者对于受灾者当前担忧的问题和需要做出迅速评估，从而以灵活的方式实施支持性的活动。
- 心理急救是经过现场实施试验的循证干预策略，能在多种灾祸干预现场提供。
- 心理急救强调，干预要适合受灾者的不同发展年龄和文化背景。
- 心理急救还包括提供了重要信息的印刷品，将其分发给年轻人、成人和家庭，供他们在康复的过程中使用。

7．心理急救的基本目标
- 以和缓的、显示同情和理解的方式与受灾者建立人际联系。

- 增进目前的和继续的安全，并且提供躯体上的舒适及情绪上的安慰。
- 使情绪被压垮或烦恼的受灾者得到平静。
- 帮助受灾者明确地说出目前他们有哪些需要和担忧，同时收集其他适当的信息。
- 提供实际的协助和信息，帮助受灾者处理当前的需要和担忧的事情。
- 帮助受灾者尽快联系到社会支持网络，向他们的家庭成员、朋友、邻居和社区求助援救资源。
- 支持适应性的应付方式，认可受灾者所做的应付努力和做得好的方面，向受灾者授权；鼓励成人、儿童和家庭积极、主动地进行康复。
- 提供可能帮助受灾者有效地应对灾祸心理冲击的信息。
- 主动到现场提供服务，必要时把受灾者介绍给灾祸干预队的其他成员，或者联系当地康复系统、心理健康服务部门、公立服务部门及相关组织。

8．提供心理急救的专业性行为

- 只在经过认可的赈灾或灾祸救助系统中工作。
- 做健康反应的表率，遇事冷静、彬彬有礼、有条不紊、乐于助人。
- 在现场易于找到，服务易于得到。
- 适当保守秘密。
- 保持在自己的专长和指定的角色范围内工作。
- 当需要其他专家帮助或者受灾者提出请求时，做出适当的转介。
- 有丰富的文化差异相关的知识，并且对文化差异保持敏感。
- 注意自身的情绪反应和躯体反应，照料好自己。

9．提供心理急救的指导方针

- 礼貌观察在先，不唐突闯入。提出简单的、表示尊重的问题，据此决定你会提供资料的帮助。
- 通常，开始接触的最好方式为提供实际的协助（给予食物、水、毛毯）。
- 在已经观察周围情形、受灾者或家庭，而且已经断定不会侵入或者中断他们的活动之后，再开始你的接触。

- 要有思想准备，受灾者可能会回避你，或者把你围得水泄不通。
- 平静地说话，并保持耐心、反应快捷、思维敏锐。
- 说话时语慢齿清，用词简单具体，不用简略缩语，不用专门术语。
- 如果受灾者想要说话，应认真倾听。当你倾听时，将注意力集中在他们想要告诉你些什么以及你怎样去帮助他们。
- 认可受灾者已经做的保障安全措施中的积极方面。
- 提供直接指向受灾者的目前目标和澄清答案的信息。必要时重复进行。
- 提供准确的、与听众的年龄适当的信息。
- 当通过翻译与受灾者交流时，要面对受灾者而不是对着翻译说话。
- 记住：心理急救的目标是减少苦恼，协助满足现时的需要，促进适应性的应付功能，而不是要引出受灾的创伤经历和损失的细节。

10．一些应该避免的行为

- 不要主观臆测受灾者正在体验什么或者他们已经经历过什么。
- 不要臆测每个人经历灾祸后都将会受到创伤。
- 不要把心理反应病理化。大多数急性反应是可以理解的，在受灾者中预期会出现的。不要把反应说成是"症状""诊断"或"紊乱"。
- 不要用高人一等或者自以为是的口气对受灾者说话，不要专注于他们的无助、软弱、错误或残疾，要专注于他们在灾祸期间和目前现状中已经做的有效的或助人的行为。
- 不要臆测所有的受灾者想要说话或需要和你说话。通常，以支持、平静的方式出现在现场，这就可帮助受灾者感到更安全，使他们更有能力应付面对的困境。
- 不要询问灾祸发生的详细情节。
- 不要推测或提供不准确的信息。如果你不能够回答受灾者的问题，应尽力去了解真实的答案、事实。

11．怎样做好儿童和青少年的工作

- 在与年幼儿童接触时，应坐着或蹲下，目光保持与儿童的视线水平。
- 帮助学龄儿童用言语表达他们的感受、担忧和问题；提供简单描述通常的情绪反应的简单词汇（如"疯狂的""忧愁的""惊吓的""焦虑的")。不要使用极度的词汇，如"恐惧的""恐怖的"，因为可能增加他们的苦恼。
- 仔细倾听，并且查验，确定他们的意思。
- 要知道儿童可能表现出行为上和语言使用上发展的退行。
- 使你的语言与儿童的发展水平相配。年幼儿童一般不太理解如"死亡"这样的抽象概念，尽可能使用直截了当的简单语言。
- 对青少年说话时要用成人之间说话的方式，这样你给出的信息是建立在尊重他们的感受、担忧和问题的基础上。
- 强化儿童的父母等照护者掌握上述技术，帮助他们向儿童提供适当的情绪支持。

12．怎样做好老年人的工作
- 老年人既有其优势，也易受创伤。老年人在一生处理各种逆境中已经获得了许多有效的应付技能。
- 对可能有听力困难者，说话时应清楚并保持低音调。
- 不要只根据外表或年龄就做出假定，例如，不要看到一位困惑的老人，就认为他有不可逆的记忆、推理或判断的问题。导致明显紊乱的原因可能包括：由于环境方面改变出现的与灾祸相关的定向障碍、视觉或听觉不佳、营养不良或脱水、失眠、医学问题、社会性孤独、觉得无助或易受伤害。
- 在不熟悉的环境中一个有心理健康缺陷的老年人可能更易感到烦乱或者困惑。如果你识别出这样的个体，应该帮助安排其做心理健康咨询或将其转介。

13．怎样做好残疾受灾者的工作
- 当需要的时候，提供一个噪声少或刺激少的环境。
- 直接对他说话而不是对照料者说话，除非直接的沟通很困难。
- 如果其沟通（听觉、记忆、言语）能力似乎有损害，用简单的话语慢慢地说。
- 如果某个人自称有残疾，应相信他的话，即使残疾不明显或者你并不熟悉。

- 当你不肯定该怎样帮助的时候，问"我能做什么来帮助你？"，同时相信对方告诉你的话。
- 可能的时候，帮助他尽量发挥自己的作用。
- 搀扶引导盲人或者视觉很差者在不熟悉的环境里移动。
- 如果需要，把提供的信息写给他。
- 把他所必需的器具放置在其手边（如药物、氧箱、呼吸器官、轮椅）。

二 提供心理急救的准备

为了对灾祸影响的社区有所协助，心理急救干预者必须知道事件的性质、目前的境况、援救和支持服务的类型以及是否能够获得。

1．事先做好准备　既然担任心理急救干预者，做好计划和准备就很重要。接受灾祸心理健康的最新训练、了解处理公共突发事件的指挥系统是进行赈灾工作的关键要素。还可能与儿童、老年人和特殊人群合作，这些都需要另外的、深入的知识。在决定是否参与灾祸援救时，应该考虑：对这一个类型工作的兴趣以及干预者目前的健康状况、家庭和工作环境，而且要适当照料自己以做好准备。

2．进入干预现场　当灾祸反应工作人员在灾后进入现场做紧急处理的时候，心理急救即开始。成功地进入现场涉及在处理公共突发事件的指挥系统认可的范围内工作。与正在处理现场的指挥人员或组织建立沟通、协调所有的活动至关重要。有效的进入还包括尽量了解干预现场的情况，如领导、组织、政策和程序、安全以及可得的支持服务部门。需要有正确的信息：什么事情将会发生，什么服务是可得的，到哪里去得到。需要尽快收集到这些信息，以极大减少苦恼和促进以适应性的方式应付。

3．识别提供服务的目标人群　在一些干预现场中，心理急救可能在指定的区域中被提供。在其他干预现场中，干预者可能巡视周围，识别那些可能需要协助者。将干预者的注意力集中在人们是怎样正在干预现场中反应和互相影响的。可能需要协助者往往显示出急性应激的征象表现为：

- 分不清方向或目标。
- 困惑烦恼。
- 手忙脚乱、激动不安。
- 恐慌的。
- 极度退缩、缺乏感情、缺乏兴趣、无动于衷。
- 极度易怒急躁。
- 非常地担忧。

4. 集体性场合的注意要点　心理急救虽然主要用于个体和家庭，但它的许多内容也能用于集体性场合，如当多个家庭聚集一起等候亲人信息和有关安全的通报时。提供信息、支持、安慰、安全性等的内容完全适用于这些自然的集体性场合。对于儿童和青少年群体，为他们提供娱乐或游戏能减轻其数小时或数天待在庇护场所之后的焦虑。

当面对这些群体的时候，记住下列各项：
- 引导讨论群体共同的需要和担忧的方面。
- 集中讨论关于解决问题和对目前状况采用应付策略的问题。
- 不要让对目前担忧问题的讨论变为诉苦和抱怨。
- 如果个别人需要进一步的支持，可主动提出在集体讨论之后专门见他。

5. 保持冷静的姿态　人们从其他人怎样反应的方式中看出端倪。如心理急救干预者显示出情绪冷静和思维清晰，就能帮助受灾者感受到其是可信赖的。其他人可能会随着干预者的引导保持注意力集中，即使此时他们还没有觉得平静、安全、有效、有希望。当受灾者还不能总是感受到希望的时候，当他们在努力处理发生的变故、应对紧迫的问题的时候，心理急救干预者通常要做充满希望的模范。

6. 对文化差异要敏感　心理急救干预者一定要对文化、宗教、种族、语言的差异保持敏感。干预者应该知道自己的价值观和偏见是否与接受服务的社区、对象有不一致之处。文化胜任方面的教育能促进这种意识。帮助维持或重建风俗习惯、传统、仪式、家庭结构、性别角色、社会的纽带，对于帮助受灾者应付灾祸的冲击方面很重要。应该在代表了最了解当地文化群体者的协助下收集关于所服务社区的信息，包括人们怎样表达情绪等心理反应、他们对政府机关的态度以及是否接受咨询，等等。

7．明确高危人群　灾祸之后特别危险的个体包括：

- 儿童，尤其那些与父母或照护者分开者、父母或照护者、家人、朋友已经死亡者、父母或照护者严重受伤害或者失踪者、住在收养机构者。
- 受伤者。
- 已经有多次搬迁反复安置者。
- 体质虚弱的儿童和成人。
- 有严重的精神疾病者。
- 有躯体病残或疾病者。
- 采取冒险行为的青少年。
- 有物质滥用问题的青少年和成人。
- 怀孕妇女。
- 带着婴幼儿的母亲。
- 灾祸援救人员。
- 遭受重要损失者（如房屋、家庭、宠物、家庭纪念物）。
- 身处灾祸现场或亲历极度生命威胁者。

特别是那些经济困难的群体，很多受灾者可能在此次事件之前已经经历了创伤事件（如亲人死亡、攻击、灾祸）。所以，少数民族和那些局限于社会边缘的社区，可能在灾祸之前就有较高比率的灾祸创伤相关的心理健康问题，而灾祸之后发生问题的危险性更大。对赈灾服务的不信任、耻辱感、恐惧和缺乏了解是妨碍这部分人寻求、提供、接受服务的重要障碍，那些生活在灾祸高发区域人更可能以前有的灾祸经历。

三　心理急救的具体操作

心理急救的三项基本行动原则是观察、倾听和联系。这些行动原则能指导干预者安全进入危机现场，更好地察看情形，接近受难者，了解他们的需求，帮助他们联系到实用的信息和帮助。

1. 主动接触

目标：应答受灾者，或者主动以非侵入性的、富于同情心的、助人的方式开始与受灾者接触。首先做自我介绍，然后询问目前的需要。

向对方自我介绍，包括干预者的姓名、头衔，并描述自己在现场和任务的角色。征求对方是否愿意谈话，解释你来这里是看看是否可以提供什么帮助。称呼成人受灾者时，以对方姓氏尊称，如"张先生"，除非对方要求你以别的方式称呼他。邀请对方坐下，尽可能让交谈有一些程度的私密。保持全神贯注，说话时柔和平静，不要东张西望或分心。发现是否有迫在眉睫的问题需要立即关注。以目前的医学问题最为优先。

当和儿童或青少年接触的时候，首先向接触父母或陪伴成人解释你的角色，并得到许可。如果你和一个痛苦的儿童说话时没有成人在场，应尽快找到其父母或照护者，让他们知道交谈的内容。注意事项：

- 接近时尊重他人并考虑他们的文化背景。
- 介绍自己的姓名和所属机构。
- 询问可否提供帮助。
- 如果可以，找到安全和安静的地方交谈。
- 让受灾者感到舒适，比如，可能的话提供饮用水。
- 询问人们的需求和关注。
- 尽管有的需求显而易见，比如需要一张毯子或是衣服破损的人们需要遮盖物，仍要询问人们的需求和关注点。
- 找出他们当时最重要的需求，帮助他们整理出需要重点考虑的事情。

2. 促进安全

目标：增进当前和今后的安全，提供实际的和情绪上的舒适。

- 采取步骤，确保目前躯体的安全。
- 在安全的情况下，帮助将受助者从危险的地方撤离。
- 给予关于灾祸或危险的信息。
- 关注躯体的舒适，鼓励了参与社会活动。
- 关注与父母分开的儿童，防止了其他创伤。
- 协助处理对于亲人失踪的担忧，协助处理亲人死亡的相关事宜。

- 协助处理急性悲伤反应，帮助与儿童沟通。
- 关注死亡有关的宗教信仰问题。
- 提供关于葬礼的信息问题方面，关注创伤性悲伤。
- 帮助收到亲人死亡通知的受灾者的关心事宜，帮助了去确认尸体后的受灾者的关心事宜。
- 帮助告诉儿童确认亲人死亡的结果。帮助与儿童传递亲人的死亡信息。
- 尽量保护受灾者不被媒体曝光，保护他们的隐私和尊严。
- 如果受灾者感到非常困扰，设法保证他不会独处。

3．稳定情绪

目标：使在情绪上被压垮或定向力失调的受灾者得到心理平静、恢复定向。靠近受灾者。

- 不要强迫他们谈话。
- 假如他们愿意谈论发生了什么，倾听他们的谈论。
- 如果他感到非常困扰，帮助他们平复冷静，尽量保证他们不会独处；
- 使用帮助人们稳定情绪的技术。
  - 有些经历危机事件的人们会感到很焦虑不安，他们会感到混乱或不知所措，身体会有应激反应，比如颤抖哆嗦、呼吸困难或感到心跳加快。以下方法可以帮助他们的身心平复冷静：
    - 保持你的语调平静温柔。
    - 如果文化上恰当，交谈时与受灾者尽量保持一些眼神上的交流。
    - 提醒受灾者你在帮助他们；如果属实，提醒他们是安全的。
  - 如果有人感到不真实或有从周围的环境中抽离的感觉，你可以帮助他们建立起他们自己和周围环境的联系。你可以教他们这样做：
    - 双脚平放在地面上，并感受到着地的感觉。
    - 用手指或双手轻敲膝盖。
    - 觉察环境中那些不会引起困扰的事物，比如他们能看到、听到、感受到的，让他们把所看所闻都告诉你。
    - 鼓励他们集中注意力在呼吸上并且缓慢呼吸。

4．收集和提供信息

目标：识别出立即的需要和担忧，收集另外的信息，并且借此调整心理急救干预。

- 收集信息
  - 灾祸经历的性质和严重性；
  - 家庭成员或朋友死亡；
  - 对于继续威胁的担忧；
  - 对于亲人安全的担忧；
  - 躯体或心理疾病和药物治疗；
  - 灾祸相关的损失；
  - 极度的内疚或羞愧；
  - 伤害自己或他人的想法；
  - 可获得的社会支持；
  - 既往酒精或毒品使用情况；
  - 既往创伤和损失史；
  - 对于成长的冲击的担忧；
  - 其他：_____

- 提供信息

受危机事件影响的人们想要准确知道以下信息：
  - 这个事件本身；
  - 遭受影响的其他亲人；
  - 自身安全；
  - 自身权利；
  - 如何获得需要的服务和物品。

- 注意事项

危机事件发生后要获得准确的信息可能是很困难的。当有关危机事件的信息被知晓和救援措施落实之时，情况可能会发生改变。谣言很常见。你不可能在任何特定时候都拥有所有信息，但是无论你身处何处，只要有可能，你都要：

- 查明在什么地方能获得准确的信息，以及何时何地能够得到更新；
- 在接近受灾者并提供帮助之前，尽可能多地搜集有关信息；
- 尽可能保持对危机事件的安全问题、可用服务、失踪者的下落或受伤人们情况等信息有一定的更新；
- 确保人们被告知发生了什么以及任何相关计划；
- 如有提供服务（健康服务、家庭追踪、住所及食物分配），确保人们知道能够利用；
- 为当事人提供获取相关服务的联系方式，或者为其直接提供服务；
- 确保弱势群体也能够知晓现有服务；
- 说明消息来源及可信度；
- 只说你自己知道的信息——不要编造信息或给予错误的保证；
- 确保消息准确易懂，重复消息，确认人们能听见并理解消息的内容；
- 群体性给予消息是一种有用的方式，这样每个受影响的人都能听到同样的消息；
- 让人们知道你会对他们更新最近进展，包括时间和地点；
- 提供消息时，应意识到干预者也会被人们因愤怒地认为你和其他人没能满足他们的期望而被当做宣泄的目标。在这种情况下，应尽量保持冷静，多一些理解和体谅。

5．实际协助

目标：提供实际的帮助给受灾者，以处理现实的需要和担忧。

经历过痛苦事件的人们会感到脆弱、孤立或无能为力，他们的日常生活被打乱。他们不能获得日常支持，或者他们发现自己的生活紧张、充满压力。为人们联系实用的帮助也是心理急救的主要部分。记住，心理急救是一次性干预，你只能帮助人们一段短时间。受影响的人群需要依靠自己的应对能力在一段相对长的时间内来恢复。帮助人们自助并且重拾对境况的掌握权。

- 帮助识别最紧迫的需要，帮助澄清需要。
- 帮助制订一个行动计划。
- 帮助采取行动，以满足需要。
- 满足基本需求，比如庇护所、食物、水和卫生设施。

- 对受伤或患有慢性病（长期患病）的患者提供健康服务。
- 提供关于事件、亲人和获得服务的正确且易懂的消息。
- 能够联系亲人、朋友和其他社会支持系统。
- 提供关于受灾者文化或宗教的特别帮助。
- 可提供咨询并参与重要决定。

　　帮助人们满足基本需求时，应考虑到：

- 危机事件刚发生之后，应第一时间设法帮助痛苦的人们获得所需要的基本需求，比如食物、水、庇护所和卫生设施。
- 知道人们有哪些特殊需求，比如医疗服务、衣物及幼儿喂养物品（杯子和瓶子）。
- 帮助其联系可获得的支持。
- 确认弱势人群或社会边缘化人群不被忽视。
- 在被允许的情况下，可以跟进受灾者的情况。

6. 联系亲人和社会支持

目标：帮助受灾者与主要的支持者或其他的支持来源，包括家庭成员、朋友、社区的帮助资源等建立短暂或长期的联系。

事实证明，感到受到良好社会支持的受灾者，相对于没有感到这种支持的人来说，在危机事件后能够更好地应对困境。因此，联系受灾者和他们的亲人与社会支持系统是心理急救的一个重要部分。

- 帮助家庭保持关系，让孩子们和父母及亲人们在一起。
- 帮助人们与朋友和亲戚取得联系以便得到支援，如提供方法，用电话联络亲人。
- 如果人们向你表达祷告、宗教仪式或是神职人员的支持会对他们有帮助，应尽力帮助他们与灵性团体取得联系。
- 将受影响群众召集到一起，让他们互相帮助。例如，让人们帮助照顾老人，或是将没有家庭的人和其他社区成员连接一起。
- 促进受灾者接触主要的支持者，讨论寻求支持和给予支持。
- 示范支持性行为，让年轻人参与活动。
- 促使问题得到解决，提供社会支持。

- 帮助人们表达需求并联系相关服务。
- 帮助人们应付问题。
- 提供信息。
- 帮助他们与亲人及社会支持系统取得联系。

7. 帮助人们应付问题

目标：提供关于应激反应的信息，以及关于采用正确的应对方式来减少苦恼和促进适应性功能的信息。

深陷痛苦的人们会感到不知所措、担忧害怕。可帮助他们考虑最迫切的需求以及怎样安排回应需求的优先顺序。比如，你可以教他们现在需要先处理什么，哪些可以暂缓处理。

- 促进受灾者参与：
  - 通过让其能够处理几个问题可增强对情形的控制感和处理问题的能力；
  - 帮助人们确认来自身边的支持，比如可以提供及时帮助的朋友或家人；
  - 为人们满足自己的需求而给予实用的建议（比如说明怎样可以登记取得食物配给或物资援助）；
  - 询问人们曾经怎样处理以往的困难并肯定他们有能力来应对目前的情形；
  - 询问怎样能使他们感觉好一些；
  - 鼓励他们用积极的而不是消极的应对策略。
- 鼓励积极行动：
  - 充分休息；
  - 尽量有规律地进食和饮水；
  - 与家人和朋友交谈，共度时光；
  - 和信赖的人讨论问题；
  - 做有助于放松的运动（步行、唱歌、祷告、和小朋友玩耍）；
  - 锻炼身体；
  - 用安全的方式帮助遭受危机的其他人，让他们参与集体活动。

- 抵制消极应对策略：
  - 不要使用滥用药物、吸烟及饮酒；
  - 不要整天睡觉；
  - 不要连续工作而不休息或放松；
  - 不要远离亲人和朋友；
  - 不要忽视个人基本卫生；
  - 不要使用暴力。
- 提供积极应对方式的信息：
  - 提供关于应激反应的基本信息；
  - 提供关于应付方式的基本信息；
  - 教给受灾者简单的放松技术；
  - 帮助家庭应付各种问题；
  - 协助处理成长方面的担忧，处理消极情绪（羞愧、内疚、愤怒）；
  - 帮助处理睡眠问题；
  - 处理物质滥用问题。

8．协同相关服务

目标：协助幸存者与那些可获得的服务部门联系，满足目前的或未来的需要，与其他提供所需要服务的部门进行直接的联系。

- 提供与其他服务部门的联系：_____
- 促进照料的连续性：_____
- 提供宣教材料：_____

干预者在提供信息的同时，也讨论受灾者的需要、目前的担忧以及需要哪些其他的信息或服务。必要时与那些服务建立有效的联系（例如，陪伴受灾者走到那些能提供服务的机构代表面前，或者和能够提供适当转介的代表会谈）。

- 需要转介情形的包括：
  - 存在需要立即关注的紧急医疗问题；
  - 存在需要立即关注的紧急心理健康问题；
  - 先前就存在的医学的、情绪的或行为的问题加重；

- 存在伤害自身或他人的威胁；
- 涉及酒精或毒品使用的担忧；
- 涉及对家人、儿童或老人虐待的情形；
- 需要药物治疗来稳定情绪；
- 需要神职人员的咨询；
- 受灾者持续难以应付（在受灾后的 4 个星期以上）；
- 存在儿童或青少年发育上的严重担忧；
- 受灾者自己要求转介。

● 除此之外，重新联系受灾者到在受灾之前就向他们提供服务的机构部门。包括：
- 心理健康服务部门；
- 医疗服务部门；
- 社会的支持性服务部门；
- 儿童福利服务部门；
- 学校；
- 药物和酒精问题支持性治疗集体。

● 注意事项：
- 干预者和受灾者讨论有关他的需要与顾虑，并进行总结。
- 检查转介信息的准确性。
- 描述转介的好处，包括这种转介可能会有怎样的帮助，如果个体得到进一步的帮助将会发生什么变化。
- 询问受灾者对所建议转介的反应。

提供书面的转介信息。如果可能的话，预约转介的时间和地点。

第二节 灾后自杀危机干预

一、概况

灾难会带来心理创伤或心理压力,使受灾人员出现各种心理反应,包括情绪、认知、行为及躯体的相应反应,其中较为严重的反应为出现自杀意念、自杀冲动,甚至出现自杀行为,给生命带来极大危险。值得注意的是,自杀可以发生在灾后的任何阶段,受灾地区随后出现自杀率的增高是一个普遍现象,因此很有必要建立灾后长效的自杀防治体系。

二、灾后自杀风险的识别和评估

(一)灾后自杀的高危人群

1. 灾后丧失亲人。
2. 出现灾后重大财产损失或经济极度困难。
3. 灾后突发精神病性障碍或精神疾病复发。
4. 灾前有自杀未遂,或抑郁、精神分裂等精神疾病史。
5. 有自杀、酒依赖和(或)其他精神障碍的家族史。
6. 患严重躯体疾病(终末期或致残性疾病、疼痛、AIDS)。
7. 系空巢老人、离异、寡居或独身等。

(二)发现自杀的线索

很多有自杀倾向的人在自杀前有关于生与死的矛盾冲突,因而会有一些自杀的线索表现出来,社区工作者、心理专业人员通过对自杀线索的认识和发现,可在一定程度上阻止自杀事件的发生。

1. 灾后常常谈论死亡、自杀,有想死的念头。
2. 问一些涉及死亡的可疑问题,如"死亡的方法有哪些?""吃多少片某种药可以致死?"等。

3. 保存绳索、玻璃片或其他任何可能伤害身体的锐器。
4. 对亲人异常关心，对以前有矛盾的人格外宽容。
5. 放弃个人喜爱之物，安排"后事"。
6. 改变生活方式，喜欢独处。
7. 灾后出现情绪低落、哭泣，有强烈的罪恶感和无用感。
8. 在极度悲伤后，无明显原因地突然很高兴。
9. 灾后丧失生活目标，对现实不满，对未来绝望。

（三）灾后自杀风险量表评估

1. MINI 自杀倾向评估表及评估说明　见表 10-1。
2. Beck 自杀意向量表及评估说明　见表 10-2。

（四）有关自杀的错误观念

1. 与有自杀倾向的人讨论自杀将诱导其自杀。
2. 威胁别人说要自杀的人不会自杀。
3. 自杀未遂后，自杀危险可能结束。

表 10-1　MINI 自杀倾向评估表

在最近 1 个月内：			评分
C1　你是否觉得死了会更好或者希望自己已经死了？	否	是	1
C2　你是否想要伤害自己？	否	是	2
C3　你是否想到自杀？	否	是	6
C4　你是否有自杀计划？	否	是	10
C5　你是否有过自杀未遂的情况？	否	是	10
在你的一生中：			
C6　你曾经有过自杀未遂的情况吗？	否	是	4

上述是否至少有一项编码"是"？

如果是，请对 C1~C6 中评为"是"的项目，按其右侧的评分标准计分，然后对评分进行合计。根据合计得分，按下面标准评定自杀风险等级：低风险，1~5 分；中等风险，6~9 分；高风险，≥10 分。

表 10-2 Beck 自杀意向量表

与自杀企图相关的情况　自我报告
1．社会隔离 　　0：与人同住 　　1：附近有人或有人可联系（通过电话） 　　2：无人联系
2．自杀时间 　　0：自杀于可被救助的时刻 　　1：自杀于不太可能被救助的时刻 　　2：自杀于完全不可被救助的时刻
3．预防被发现和（或）被干涉 　　0：没有预防 　　1：被动的预防——避免被发现，但并不阻止别人的干涉 　　（独自在室内但不锁门）
4．在自杀时和自杀后采取可获得帮助的行动 　　0：将自杀意图告知可能的帮助者 　　1：接触过，但未将自杀意图告知可能的帮助者 　　2：既未接触，也未将自杀意图告知可能的帮助者
5．预示死亡的最后行动 　　0：完全没有 　　1：有部分的准备和想法 　　2：制订明确的计划（更改遗嘱、分发礼物、退出保险）
6．计划自杀企图的程度 　　0：完全没有准备 　　1：有一点准备 　　2：有充分准备
7．遗书 　　0：没有遗书 　　1：写过遗书但又撕毁 　　2：有遗书

8. 行动前公开表达自杀意图

　　0：完全没有表达自杀意图

　　1：模棱两可地表达自杀意图

　　2：清楚地表达自杀意图

9. 自杀企图的目的

　　0：主要想改变环境

　　1：介于0与2之间

　　2：主要想把自己从环境中解脱

10. 对行动致命性的期望

　　0：认为死亡是不可能的

　　1：认为死亡只是有可能的

　　2：认为死亡是极有可能的或确定的

11. 对自杀方式致命性的概念

　　0：认为其行动的致命性较小

　　1：不确定或认为其行动可能是致命的行动

　　2：认为行动的致命性是非常肯定的

12. "自杀企图的严重性"

　　0：不认为其行动真能结束生命

　　1：不确定其行动真能结束生命

　　2：肯定其行动真能结束生命

13. 对生存的犹豫情绪

　　0：不想去死

　　1：不在意是生是死

　　2：想去死

14. 死亡是否可逆的概念

　　0：认为如果得到医疗照顾则死亡是不可能发生的

　　1：不确定死亡是否会因得到医疗照顾而逆转

　　2：确定即使得到医疗照顾也要死亡

15. 预先策划的程度

    0：没有，仅凭冲动

    1：自杀前思考了3小时或不到3小时

    2：自杀前思考了3小时以上

填表说明

（1）根据被测试者的相关情况进行评分，分别为0、1、2分，然后计算累计总分。

（2）自杀意向评估：低，0~6分；中，7~12分；高，13~20分；很高，≥21分。

三 灾后自杀预防和干预

（一）灾后自杀预防

自杀预防可分为三级预防：一级预防主要是预防自杀倾向的发展；二级预防主要是指自杀行为的早期发现和对处于自杀边缘的个体进行危机干预；三级预防则是降低自杀行为的成功率，预防自杀未遂（已实施自杀行为）的人再次实施自杀。具体的自杀预防措施可包括：

1．降低自杀未遂者及其家属的自杀风险　对自杀未遂者提供持续的访视和评估工作，开展对家属的心理辅导，加强访视人员的访谈及评估能力的培训，建立转诊体系。

2．减低自杀企图者的死亡率　对自杀相关物品进行严格管理，限制接触与自杀相关的各种器具、生活用品以及药品等。加强全民的心肺复苏、中毒急救等技能的培训。

3．降低自杀高危人群的自杀发生率　加强高危人群的识别和转诊，加强灾区原有精神疾病患者的治疗和随访，建立社会支持体系。

4．强化社会及家庭支持网络　可由心理专业人员开设预防自杀热线，建立自杀关怀网站，也可开设自杀预防心理咨询点。注重家庭成员之间的良好互动，强化家庭内支持。

5．灾后自杀相关心理健康知识宣传　向灾区群众及相关人员普及自杀危机的相关知识，开展包括讲座、板报、宣传册或宣传单发放、主题心理活动等科普宣传。进行生命教育，增强灾后自杀预防应变能力，提高群众对抑郁及其他精神心理问题的识别能力。

（二）灾后自杀危机干预

对于有自杀风险的人员，提供安全和保护是第一位的，尤其是高自杀风险的人员，应将其送到医疗和相关机构进行安全保护，对患有精神疾病的人员开展医学诊断和治疗。

灾后自杀危机干预的方法为：

1. 宣泄与表达情绪　这个过程需要建立在共情即干预者和受助者建立了良好关系的基础之上。可通过呼吸放松或全身肌肉放松来部分缓解受助者的情绪。如受助者不接纳此方式，则不能强求实施。

请受助者倾诉所有的他愿意交谈的内容，干预者要用"心"倾听，承接受助者一切负性情绪和负性思维，同时尽力去理解受助者，做到最大限度的共情。

注意点：干预者不要随意打断受助者的倾诉，不能轻视受助者呈现的心理需求。

2. 面对自杀问题　请受助者谈出与自杀企图有关的负性事件、负性情感、负性思维及躯体反应，尤其要谈出与自杀相关的思想观念，还有生与死的价值和信仰。

注意点：干预者不能批评或指责受助者，也不能讲空泛的大道理。

3. 面对自我问题　请受助者对自我进行评价，包括自尊水平、自我看法、自我能力、自我接纳、自我控制、应激应对及人际交往方式等。干预者可帮助受助者发现自己的正性资源，如正能量和个体优势等，让受助者全面、客观地认识自我价值。

注意点：干预者帮助受助者发现自我正性资源是这一过程的关键。"正性资源"应是客观存在的、可利用的，干预者应在恰当的时候指出来，如夸大正性资源或指出的时机不恰当，受助者会认为干预者缺乏共情、高高在上、轻描淡写，让其产生抵触、抱怨情绪和挫折感，甚至可能加重受助者的自杀倾向。

4．整合积极资源　充分利用有利的外部资源，包括家人、朋友、社区及社会资源，建立有效的社会支持。

帮助受助者的家人和朋友理解并接受受助者的过去和现在，给受助者以亲情和友情。社区可组织相应的团体活动，由此让受助者能获得持续稳固的家庭社会支持。

5．重建生活信心　这一过程的重点在于帮助受助者学习问题解决的技巧和心理应对方式，提高受助者对应激事件的应对能力，重建生活希望与信心。

干预者可和受助者及家人共同计划未来的生活，让受助者学会用合理认知代替不合理认知，安排积极、具体及有益的行动，恢复和建立新的人际关系，从而增强受助者的自信，使其勇敢、积极地面对现实生活。

第三节　团体干预

一 概况

（一）目的

通过专业讲员引领的参与式培训，使参加人员以小组的形式分享灾后的压力和应对方法，引导受灾人员调动自身资源和学习他人的有用经验，起到缓解心理压力和传递正能量的作用。

（二）服务人群

1．受灾地区村支书及其他基层干部。

2．受灾地区的基层医疗机构人员及学校教师。

3．受灾地区的民政、妇联、残联干部。

4．来自其他地方的专业救援团队（医护人员等）。

5．志愿者。

6．其他有需要的群体。

（三）干预时间

根据汶川和玉树地震的经验，这部分人群在灾后第一个月以救灾为主，无暇参加任何心理卫生活动。因此，建议干预时间放在灾后重建阶段。

（四）技术的特点

1. 单次覆盖人群数量较大，每次活动可服务 50 ~ 200 人。

2. 时间控制灵活，可根据实际情况选择在 1.5 ~ 6 小时内完成。

3. 对场地要求不高，人多时最好有麦克风。

5. 为复合性技术，将心理健康教育、躯体健康咨询、现场筛查和转诊集合在一起，同时可提供个体干预。

二 操作分工

团体干预对操作团队有较高要求。团队中需要有至少一名有经验的精神科医生、一名内科或急诊科医生（可在当地寻找）。数名心理危机干预医疗队队员和培训助理人员。在应用参与式互动技术之前，要明确分工、各司其职，才能保证危机干预活动的成功、顺畅和有效实施。活动分工建议见表 10-3。

表 10-3　团队干预的技术活动分工

活动阶段	工作内容或方式	操作要点
沟通阶段	掌握服务对象的基本情况，与当地有关部门建立工作联系	于活动前1周联系有关部门（组织部、教委、民政局、卫生局、残联、妇联等）落实活动的组织工作。最好在活动前对目标人群进行个别访谈，了解其现实需求
现场准备阶段	物品准备和会场布置	（1）准备教学用具：大白纸、彩笔、便签贴纸、互动游戏用品如气球等、心理评估量表及笔、急救示教用品 （2）会场服务：将桌椅摆成鱼骨式。如仅有圆桌，可以直接围桌而坐。调试音响及多媒体设备，布置宣传品和摆放教具等。提供饮水。参加者最好按照熟悉程度分组

续表

活动阶段	工作内容或方式	操作要点
活动阶段	活动前评估及破冰游戏	（1）开场：介绍整个活动的目的，解释现场评估的意义，使参与人员理解填写问卷是为了自我评估和得到专业人员的帮助 （2）评估：发放心理健康量表和培训前评估表，医疗队队员分组指导填写有困难者。现场补填未填全的条目 （3）破冰游戏：选择容易参与的游戏，活跃现场气氛
第一轮小组讨论	分享灾后主要压力来源（20分钟以上）	各组选出一名组长、一名记录者、一名发言汇报人。全组队员互相介绍之后可以选择轮流发言，由记录者记在A4纸上，再归纳总结到大白纸上；或参加者首先自行在便签条上写下自己的压力来源，再轮流发言，记录者可以收集所有便笺纸后归纳总结到大白纸上
第一轮汇报	各组上台汇报本组压力来源	每组组长或其他组员一人上台汇报，其他组员协助汇报者举大白纸示众。主持人应该鼓励积极举手汇报者，在每组汇报完毕后主持人要给予积极的鼓励，引导大家鼓掌。在2~3组汇报之后，为节省时间，主持人可以提醒后面的汇报者只汇报与前面不同的内容
第一轮总结	专业人员总结	可以由主持人担任，亦可由其他医疗队队员担任。主要讲解灾后常见的心理和躯体应激反应。正常化是这部分的核心，但同时指出需要专业人员帮助的症状，如情绪持续低落，甚至有自杀想法等
第二轮小组讨论	讨论压力的应对方法	方式同第一轮。基于第一轮大家提出的灾后各种压力，举出自己应对的办法
第二轮汇报	各组上台汇报本组压力应对方式	主持人在发现特别有创意的健康应对方法时要引导大家鼓掌
第二轮总结	专业人员总结	以引导希望的方式讲授，重点讲解推荐的应对方式，提醒不健康的应对方式（如抽烟、饮酒以及因怕丢脸，有困难时宁肯自己忍也不向别人求救等）。以播种希望的方式结束培训
结束		对现场心理评估的结果给予小结，发放培训后调查表

三、实施注意事项

1. 现场心理评估表的分数计算和干预　在小组讨论期间,医疗队队员要根据回收的心理健康评估表对高分者进行现场访谈和干预,访谈时要另外选择地方,不要在会场内进行。需要转诊者要将转诊信息告知对方。如有自己提出需要干预者,应安排人员提供服务。

2. 主持人职责　控制时间,根据现场变化调整内容;调动情绪,鼓励组内配合和各组之间的友好竞争。

3. 内科或全科医生　在会场内相对封闭的角落为参与者测量血压等,咨询一般躯体健康问题。

4. 地点选择与突发事件处理　灾区人员集中培训时要选择安全地点,打开所有安全通道。一旦有余震或其他突发事件,要迅速疏散人群。此外,危机干预培训中难免有人情绪失控,一旦发生,要及时处置,帮助参加者恢复平静。

5. 医疗队工作人员　灾后培训分工时要根据主要活动搭配人员,每个工作人员都要做到相互协调、及时补漏。

6. 破冰活动　参见工具包2"切入技术与沟通技巧"。

7. 理论授课(30分钟)。

8. 即兴演示　针对两轮讨论出的难点问题,如果时间允许,可以现场增加"即兴演示"环节。邀请参加者上台进行角色扮演,将难点问题展示出来,再邀请其他参加者上台模拟解决该问题,由心理干预专业人员根据现场表演指出优点和不足,共同解决问题。

9. 在破冰游戏及整个活动中,要注意当地的风俗习惯和宗教信仰。

10. 总结　由医疗队队长对活动全程进行综述,强调具有积极意义的应对方法,最后提供当地专业机构和人员的联系方式,帮助形成当地的资源网络,同时突出属地化管理原则。

四 操作实例

现以北京大学精神卫生研究所承担的"中国国家卫生部－联合国人口基金"玉树地震后社会心理支持项目实施为例展示操作步骤（表10-4）。

表10-4　玉树地震后社会心理支持培训与干预步骤

第一部分：准备阶段			
名称	内容	时间和要求	操作者
需求评估	1. 与青海省精神病院建立工作联系 2. 对玉树灾区6名妇女干部进行访谈	工作联系于活动前2周完成，个体访谈于活动前1天完成	医疗队队员
活动前工作会议	1. 明确会场情况、参与人员构成及活动流程 2. 理论讲员试讲 3. 全员听取藏学专家对藏族民众宗教信仰和风俗习惯的讲解	活动前1天	医疗队全体，特邀国家藏学研究中心专家
物资和器材采购	1. 教学用具 2. 游戏用品 3. 心理评估工具 4. 急救示教用品 5. 其他用品	物品由北京大学精神卫生研究所和青海省精神病院共同提供	会务组
会场布置	1. 排列桌椅 2. 调试音响及多媒体设备 3. 布置宣传品和摆放教具	于活动前40分钟左右完成	会务组
第二部分：活动阶段			
活动前评估	发放心理健康评估问卷 培训前评估表	10~15分钟	主持人

初步建立关系	自我介绍 表明目的 希望提供的帮助	5分钟	医疗队队长
破冰活动	"老鹰捉小鸡"游戏	20~25分钟	主持人
理论授课1	1. 地震后常见心理问题表现 2. 躯体不适及其识别信号 3. 建议有需要的受众到会场边设有的躯体问题咨询台求助	30分钟	医疗队队员
划分讨论组	调配人员分布，每组6~10人	5分钟	主持人
组内分工	以"传气球"游戏的形式，挑选出各组的组长、记录员和发言人	10分钟	主持人
公布组内讨论规则和要求	每个人都要发言，相互尊重，互相保密；由组长控制节奏，最终形成组内共识，并记录在大白纸上，由发言人准备上台分享	5分钟	主持人
小组讨论1	针对问题："地震之后，当前所面临的困难有哪些？"进行组内讨论	15~20分钟	主持人
汇报分享1	每组发言人将讨论共识带上台，并逐条解释和分享	每组5~10分钟	主持人
专家点评1	针对每组发言人罗列出的问题进行汇总分类，找出具有代表性的几类问题，并对问题的成因进行分析	10~15分钟	授课组
中场休息（15~20分钟）			
重新确定组内分工	再次用"传气球"游戏方式，更换记录员和发言人	5分钟	主持人
互动讨论2	针对问题："面对震后的困难，有哪些可以有效应对的方法？"进行组内讨论	15~20分钟	主持人
汇报分享2	每组发言人将讨论共识带上台来，并逐条解释和分享	每组5~10分钟之内	主持人

专家点评2	针对大家给出的应对手段进行汇总分类，指出具有可行性的方法并解释原因	10~15分钟	
理论授课2	地震后心理保健常识	30分钟	医疗队队员
中场休息（15~20分钟）			
实用技能演练	模拟妇女干部在地震后安置工作中的现实难题"劝说灾民再次搬迁"的现实工作情境，邀请数名参加者上台进行角色扮演	前后共3组进行了模拟	主持人
专家点评3	对角色扮演中的优点进行支持和鼓励，并推动和引发受众思考	10分钟	授课组
活动总结	1. 鼓励、感谢、希望导向 2. 公布青海省精神病院的联系方式 3. 发放培训后评估表	10分钟	医疗队队长

注：现场通过心理测量所发现的数名疑似异常者，由现场的精神科医生进行了深入访谈、评估和干预。同时，活动现场另设咨询台，由急诊科医生提供常见躯体疾病咨询，并应参加者要求现场演示了心肺复苏。

第四节 眼动脱敏与再加工

一、概况介绍

眼动脱敏与再加工（eye movement desensitization and reprocessing，EMDR）由 Francine Shapiro 于 1987 年创立，最初仅为眼动脱敏，1991 年发展为眼动脱敏与再加工，其中眼动脱敏仅是 EMDR 中双侧刺激的一种，而双侧刺激是 EMDR 操作中众多组分的一部分。EMDR 是一种整合的心理疗法，它借鉴了控制论（cybernetics）、精神分析、行为、认知、生理学等多种学派的精华，建构了加速信息处理的模式，帮助患者迅速降低焦虑，并且诱导积极情感，唤起患者对内的洞察、观念转变、行为改变以及加强内部资源，使患者能够达到理想的行为和人际关系改变。目前在国际上 EMDR 被认为是进行心理创伤治疗的有效治疗方法之一。

二 治疗师的要求

EMDR 必须由经过专门培训的 EMDR 治疗师来施行，并且要接受足够的督导。接受过培训的治疗师应具备如下能力：

1．能为来访者建立一定的支持水平，使其感到安全，以至敢于在治疗师的避风港内重新经历痛苦的往事。

2．迅速发现、准确确认并同来访者协定加工信息的扳机点。

3．保持敏锐的洞察力和判断力，明智地及时采取行之有效的技术在信息加工中为来访者提供支持。

4．使用适当的技术和反应模式化。

5．操作要灵活，因为每次治疗需要 90 分钟到 2 小时，太过刻板的程序会使治疗的双方身心疲惫。

三 操作步骤

1．诊断性访谈　在治疗之初，治疗师要彻底了解来访者的完整病史，包括情绪困扰相关的具有病理学基础的既往事件、现在特定的诱发因素（"扳机点"）以及未来的需要；评估个案的准备度；发展一个治疗计划、评估及评定疗效，并排定优先顺序。治疗师在选择目标时要能找出相同的类型，找出具有代表性的事件提出来处理，而不需要将每一个都设为目标。

2．准备　来访者的稳定化与授权，以及稳定治疗关系的建立是准备阶段基本的要素。治疗师首先要向来访者介绍治疗原理及治疗目标。为了保证治疗的顺利进行，还需要教会来访者自我控制及放松的技术，以消除对加工的恐惧和咨询中的痛苦，并处理咨询间隔中的情绪。接着确认来访者的适应情况，并且演示治疗方法。治疗师和来访者相对而坐，相距约 1 米。来访者双目平视。治疗师用并拢的示指和中指在来访者视线内有规律地左右晃动

（间距约60厘米，频率约每秒晃动一次），要求来访者始终注视着治疗师的手指眼球左右转动。可对治疗师与来访者间的距离、手指晃动间距及频率做相应调整，以来访者感到合适为准。

3．评估　治疗师需要确认目标并建立参照标准，即治疗师首先需协助来访者选择其最想要处理的图像、记忆、负性认知以及想要的正性认知。咨询师使用认知效度量表（Validity of Cognition Scale，VOC）和主观困扰感量表（Subjective Units of Disturbance Scale，SUD）分别评估其对该事件、图像的负性认知与困扰程度，以建立参照标准。接着，治疗师协助来访者确定该事件、图像的负性认知与困扰程度出现在身体的具体部位。

4．眼动脱敏　此阶段涵盖所有反应，包括引起洞察、与创伤有关的感觉经验之改变、联想和增强自我功能。此阶段疗程的主要目的是帮助最快速地处理信息，并保证来访者在处理过程中和结果上能觉得安全及可控。一旦认知、情绪和身体上有明显的改变，就要重新评估，此时不使用主观困扰感量表来评估，而是由个案所报道的种种图像、思考、声音和感觉的改变类型来评估，直到来访者表示在存取记忆内容中没有困扰，才做出主观困扰评估。评估时来访者在量表上会以0或1来说明自己的状况，就是此阶段的结束。

5．植入　这个阶段强调用正性认知取代负性认知，并逐步增加正性认知的有效性。可将正向的自我认知和原来的创伤影像及未来的光明希望配对出现，取代负面、悲观的想法。这个阶段的效果可由VOC量表的测量得知，认知效度量表的分数增加到6分或7分就可停止，或由生态学的效果来证实它的作用。通过指导语对患者植入正向自我陈述和光明希望，取代负面、悲观的想法以扩展疗效。

6．身体扫描　这个阶段用于关注并加工任何剩余的躯体感觉。请来访者从头到尾扫描其全身，并将该认知与身体部位联结处的感觉描述出来，例如，来访者可能会说这种感觉出现在胃，他感觉到胃痛。把原有的灾难情况画面和后来植入的正向自我陈述和光明想法在脑海中联结起来，虚拟练习"以新的力量面对旧有的创伤"。

7．结束　这个阶段用以确保来访者在一次EMDR面谈结束后到下一次面谈期间的稳定性。在准备结束阶段，若有未完全处理的情形，可再以放松技巧、催眠等方式来弥补，并说明预后及如何后续保养。而在此阶段可告知来访者在之后如果有与该事件或图像有关的任何领悟、想法、记忆或梦境，都可以将这些材料记录下来，作为与治疗师讨论的材料。告知将结束治疗，解答来访者的疑问，并要求来访者做治疗后记录。如果需要，约好下一次治疗时间。

8．再评估　总体评估整个疗程的治疗效果与治疗目标是否达成，总结治疗过程的得失，治疗师和来访者双方都得到及时的反馈，并修订下一次的治疗目标。

四 注意事项

未经 EMDR 系统培训并取得资格证者不应使用 EMDR 进行治疗。

第五节　放松训练

创伤事件容易引起人们焦虑和恐惧，亦造成躯体的紧张与不适，而放松训练是指使来访者从紧张状态松弛下来的一种练习过程。放松训练的直接目的是使肌肉放松，最终目的是使整个机体活动水平降低，调整来访者因压力事件及创伤性事件等造成的生理心理功能失调，达到心理上的松弛，从而使机体保持内环境平衡与稳定。放松训练的基本种类有呼吸放松训练、肌肉渐进放松训练和想象放松训练三种。

一 呼吸放松训练

（一）准备工作

请来访者选择最舒适的姿势。

坐姿：坐在椅子上，身体挺拔，腹部微微收缩，双脚着地，双目微闭。

卧姿：平躺在床上或沙发上，双脚伸直并拢，双手自然伸直，放在身体两侧，双目微闭。

站姿：双脚与肩同宽，双手自然下垂，双目微闭。

（二）步骤

1．把注意力集中在腹部肚脐下方。

2．用鼻孔慢慢地吸气，想象好像空气从口腔沿着气管到肺部，腹部随着吸入气体的不断增加慢慢地鼓起来。

3．吸足气后稍微停顿一下，不要马上呼出，以便氧气与血管里的浊气进行交换。

4．当呼气的时候，想象空气好像从你的鼻腔或口腔慢慢地流出而不是突然呼出。是否通过鼻腔或口腔呼吸并不重要，只要让呼吸保持平稳就行。

二 肌肉放松训练

肌肉放松训练通过让人有意识地去感觉主要肌肉群的紧张和放松，从而达到放松的目的，分为被动式肌肉渐进放松训练和主动式肌肉渐进放松训练。

1．准备工作　找到一个舒服的姿势，这个姿势使来访者感觉到轻松，毫无紧张之感受，可以靠在沙发上或躺在床上。

要在安静的环境中进行练习，光线不要太亮，尽量减少无关刺激，以保证放松练习的顺利进行。

2．放松的顺序　手臂部→头部→躯干部→腿部　可对此顺序进行新的编组排列，治疗者可根据情况下达放松指令。治疗者教来访者放松时可做两遍，第一遍治疗者边示范边带来访者做，第二遍由治疗者发指令，来访者先以舒服的姿势闭眼躺好或坐好，跟随治疗者的指令进行练习。

主动式肌肉放松训练指导语范例：

握紧双拳……保持住，体会一下紧张的感觉，好，放松，尽量放松，仔细体会双手放松的感觉。

现在请皱起眉头，紧闭双眼，感觉这种紧张通过了额头和双眼。好，现在放松，继续放松。

现在嘴唇紧闭，用力咬牙，保持住……好，现在放松。

双肩使劲向上耸起……保持住，放松，仔细体会肩部放松的感觉。

现在将双臂弯曲，肌肉拉紧，保持住……放松。

现在伸直你的双腿，脚尖上翘，使小腿的肌肉拉紧，保持住这样的姿势，好，放松。

现在伸直双腿，将脚掌使劲往下压，让大腿和小腿都绷得很紧，保持，好，放松。

体会全部紧张后又全部放松的感觉，现在深呼吸，活动一下颈部、手腕、各个关节，慢慢睁开双眼。

被动式肌肉渐进放松训练指导语范例：

想象有一束阳光照在你的身上，你全身暖洋洋的，非常地轻松、舒服。

温暖的阳光照在你的头顶，整个头部都特别地放松，越来越放松了。这股暖流通过头顶，流经额头、双眼、鼻子、嘴巴。你紧锁的双眉舒展开了，仔细体验面部放松的感觉。

暖流继续流向你的颈部、颈椎……流经你的肩膀、双臂。你觉得越来越放松，越来越放松，呼吸越来越平稳。这时候，温暖的感觉到达你的前胸、后背，整个前胸后背的肌肉都特别地放松，心胸特别地宽广。

现在，请把注意力集中在你的大腿上。温暖的光照在这里，大腿上每一块肌肉都特别地放松，特别地舒适。慢慢地，暖流流向你的小腿、脚踝、脚掌心、脚趾间，体会一下温暖放松的感觉。

现在，你的全身都特别地放松，特别地舒适，仔细体会全身放松的感觉！

三　想象放松训练

请受助者找出一个曾经经历过的、给自己带来最愉悦的感觉，有着美好回忆的场景，可以是海边、草原、高山等，用自己的多个感觉通道（视觉、听觉、触觉、嗅觉、运动觉）去感觉、回忆。

步骤：

1. 导入，进行呼吸放松和（或）肌肉渐进放松训练，目的是帮助来访者进入意识转换状态。

2. 治疗师用语言暗示某个场景，来访者按照指示的方向进行自由联想。若来访者没有按照治疗师指示的方向进行联想，这时候要跟随来访者的想象方向。

3. 训练过程中，来访者会报告自己想象的内容，治疗师的任务就是按照来访者想象的内容来深化和推动来访者的想象。

4. 适当地询问来访者想象的细节。细节越丰富，意味着来访者进入想象的世界中越深入。同时还要适当地询问来访者内心的情绪感受和躯体感受。

指导语范例：

轻轻地闭上眼睛，我们先来做深呼吸。随着每一次的呼吸，你会越来越放松，越来越放松。现在想象一下你正站在属于自己的美丽花园中，你感觉非常地放松、宁静。在这里，每件东西都沉浸在柔和的阳光里。你看到许多色彩缤纷的蝴蝶在空中飞舞，还有散发着香气的花朵在随微风轻轻摆动。在你的花园里，一切都多么美好、宁静、令人放松。现在你可以躺在草地上，阳光照得你全身暖洋洋的，你的整个身体都特别地放松，心胸特别宽广。现在，让自己全身心地去体验这样舒适放松的感觉！

四 放松训练注意事项

1. 在进行放松训练时，首先要让来访者感觉舒适、安全。

2. 治疗师语速要合适，语调要平稳、流畅、温柔。

3. 放松训练结束时注意不要让来访者突然清醒和睁开眼睛，要注意逐步唤醒。

4. 指导用语应遵循简单、重复和可预期原则。语言尽量简单，这样可以让来访者的注意力从治疗师的语言上转移到对自身躯体的感受上。反复使用同样的词语，来访者很快可以预计到治疗师下一句要说什么，这样的预期性可以让来访者获得安全感。

5．对于经历创伤事件后不久，情绪和心理还没有稳定下来，处于应激反应期的受助者，建议不使用想象放松。他们通常在理性状态中还能够自行控制情绪，但是一旦进入意识转换状态则很可能情绪失控，容易对其造成二次伤害。

第六节　稳定化技术

灾难发生后，直接或间接灾难接触者会因为创伤经历而出现焦虑、惊恐发作、闪回、抑郁甚至短暂的精神病性症状等状态。在这种情况下，心理干预者要教会受助者学会与创伤感受和创伤回忆保持适当距离，增强自我功能，帮助受助者在内心创伤和积极体验中找到平衡点，达到身心稳定的状态。

一　技术要点

稳定化技术是创伤治疗的基本技术，其要点如下：

1．运用倾听、理解、积极关注、共情、支持等技巧与受助者接触并建立关系，尝试将受助者的注意力集中在援助者和心理辅导上，而不是去关注他内心正在发生的激烈动荡。

2．请受助者简要地叙述当前的内心体验，引导受助者关注当前的外部环境。

3．让受助者将注意力集中在呼吸和其他放松方法上。

4．提醒受助者此时正处在安全的环境中。

5．在运用稳定化技术的过程中，受助者有时会突然出现不愉快的记忆。这些都是干预过程的一部分，不能说明受助者现在具有任何病症。

二、基本方法

稳定化技术的基本方法有三种：

（一）安全岛技术

安全岛技术是稳定化技术中最常见的一种。它是一种用想象法改善自己情绪的心理学技术，当压力造成负性情绪时，找到一个仿佛是世外桃源的地方暂避一时。这个地方我们称为安全岛，是自己感觉最安全、最舒适的地方，可以在受助者的内心深处，也可以是受助者曾经到过的地方，甚至可以是任何一个受助者能想象的地方，完全由他自己构建营造，没有人能够打扰。灾难后受助者的脑海里可以不断回想自己深处安全岛时的心情，想象自己并没有在经历痛苦，而是身处在一个保护性的、充满爱意的、安全的地方。通过这样的方式，受助者的焦虑、恐惧及抑郁等情绪可以得到一定程度的缓解。

安全岛技术程序：

（1）一般性准备，解释原理及操作步骤。

（2）肌肉放松训练。

（3）安全岛想象训练。

注意事项：援助者一定要确认受助者是否已进入放松状态，任何疑惑都会使受助者敏感的神经立刻绷紧，同时引导词描述得越详细越好。

（二）保险箱技术

保险箱技术是稳定化技术中的一种，是将创伤后的各种反应"打包封存"，把它放进"保险箱"，暂时封存，待以后逐步处理，以减轻当下创伤带给受助者的痛苦。保险箱技术的操作方法是让受助者为自己设计一个只属于其本人的"保险箱"，请受助者打开箱子，把所有给他带来压力的东西全部装进去。锁好门，把钥匙收好，再请其把保险箱放到一个他认为合适的地方，平时所有人都碰不到它（包括他自己），但当受助者愿意和心理专业人员一起来看里面的东西时能把它找出来，并可以再次对它进行处理。

保险箱技术程序：

（1）一般性准备，解释原理及操作步骤。

（2）肌肉放松训练。

（3）保险箱想象训练。

注意事项：对保险箱、为保险箱配置的锁及其钥匙的描述越详细越好，包括大小、形状、质地及颜色等。

（三）内在智者

内在智者技术也是稳定化技术中的一种。内在智者技术努力使受助者构建一种内心积极的力量，使其感觉有安全感和控制感，这种力量可以由一个人或一个物体来代表。内在智者技术的操作方法是让受助者设想一个充满无穷力量的人物或物件，只要想到他（它），受助者就变得强大，就没有恐惧。同时，设计一个只有受助者自己知道的肢体动作来代表他的"内在智者"，在以后的日子里，每当求助者的意识或者无意识感到需要的时候，只要他一做这个动作，他的"内在智者"就会立即出来帮助他，给他力量，解决一切问题，让其感到安全，充满了控制感。

内在智者技术程序：

（1）一般性准备，解释原理及操作步骤。

（2）肌肉放松训练。

（3）内在智者想象训练。

注意事项：在操作过程中，援助者要尽力做到让求助者完全相信"内在智者"的力量，并相信"内在智者"在任何时候都会无条件地帮助受助者。

第七节　哀伤辅导技术

灾难过后，人们可能会经历丧失亲人的痛苦，而哀伤是丧失后的重要过程。哀伤如同身体创伤一样要承受创痛、不能回避，要有一个逐渐恢复功能的过程，这时哀伤辅导要及时介入其中。心理干预者帮助哀伤者面对因创伤事件带来的各种丧失，修通因丧失带来的各种困扰，建立新的客体关系，发挥机体的代偿能力，使其丧失的功能获得恢复或改善，重新修复内部和社会环境中的自我，帮助哀伤者走出阴霾，步向成长。

一 哀伤反应

哀伤反应表现为以下四个方面：

1. 情感　悲伤、愤怒、愧疚、自责、焦虑、孤独感、无助感、惊吓、否定、解脱、麻木。

2. 行为　拒食或过度进食、恍惚、回避、梦魇、叹气、持续的过度活动、哭泣、避开逝者的遗物、接近逝者常去的地方或保留逝者的遗物完整。

3. 生理　睡眠障碍、躯体紧张、喉咙发紧、对声音敏感、呼吸急促有窒息感、肌肉软弱无力、缺乏精力。

4. 认知　否认事实、困惑，沉迷于对逝者的思念，相信逝者还存在，看待事物缺乏真实感。

二 哀伤辅导的目标

1. 帮助他们度过正常的悲哀反应过程。
2. 使他们能正视痛苦。
3. 表达对死者的感情。
4. 找到新的生活目标。

三 哀伤辅导的操作方法及程序

1. 第一阶段：接受丧失的事实　强化哀伤的真实感，引导陈诉发生时当事人在哪里，当时的情况怎样，如何发生的，是谁告知你的，亲友们是如何谈这件事的等信息。

该阶段会出现否认的表现，包括对死亡事实的否定、对丧失意义的否定，如说对方不重要以及选择性遗忘等。

2. 第二阶段：鼓励哀伤者适度地唤起和表达悲伤情绪　使用象征、写信、绘画、角色扮演及认知重建等技术，从鼓励正向的回忆开始，引导哀伤者充分唤起经历哀伤的痛苦，表达悲伤情绪。要让哀伤者知道丧失后出现悲伤痛苦表现是必然的、正常的。

3．第三阶段：帮助哀伤者适度地处理依附情结　协助哀伤者处理已表达或潜在的情感，通过角色扮演等技术帮助哀伤者适度地处理丧失的心理体验，确认与逝者之间过去所扮演的依附关系已经结束，帮助哀伤者克服丧失后再适应过程中的障碍。

4．第四阶段：逐渐接受与适应丧失后新的环境　通过哀伤仪式活动，协助哀伤者做最后的道别，支持和鼓励其在现实中继续生活下去，以健康的方式坦然地重新将情感投注在新的关系里。

四 哀伤辅导注意事项

1．哀伤辅导人员必须具有相应资质，接受过规范、系统的哀伤辅导技术的培训与督导。

2．处理哀伤的时机很重要，过早地处理反而会造成伤害。需做风险评估，要防止自杀等风险行为。

3．哀伤辅导是一种割断依附关系的渐进过程。哀伤是长期的疼痛，需要时间来疗伤，更需要持续的支持。

4．发现复杂性哀伤者或合并抑郁、自杀等其他严重精神、躯体疾病者时要及时转诊，进行哀伤心理治疗或专科治疗。

第八节　心理康复技术

在灾难发生后的数周到数月内，特定的心理支持可以促进人们的心理康复，避免产生更严重的问题。心理康复技术（skills for psychological recovery, SPR）是一套有循证依据的用以帮助新近受到灾难影响的人们心理康复的技术。心理康复技术不是一个正式的心理治疗。它是一个中间的、立足于二级预防的模式，重点教会人们一些基本技能，对大多数人来说是足够的。如果心理康复技术不能有效缓解痛苦，就应该转介到强度更高的心理卫生干预机构。

一 心理康复的干预目标

1. 加速康复。
2. 心理卫生问题的二级预防。
3. 提高灾后的社会功能。
4. 预防不适应性行为。
5. 灵活地满足幸存者的需要。
6. 转交给更高强度的心理卫生干预。

二 心理康复的适用人群

1. 还没有任何开始变好的感觉。
2. 仍然感到高度的焦虑或痛苦。
3. 对创伤事件的反应干扰了其家庭、工作或人际关系。
4. 需要获得帮助来发展特定的应对技能。

三 心理康复的实施人员

经过培训的社区工作者、初级保健人员、全科医师等心理卫生工作者。

四 心理康复的核心技术

1. 采集信息　了解受助者最紧迫的需要和担忧，并按着轻重缓急的程序开展干预。首先解释收集信息的必要性；然后确认受援者目前的需要和担忧，总结并指出目前最主要的问题；最后一起制订行动计划。

2. 解决问题　第一步是确定需要解决的问题，并分析该问题的情绪反应、认知特点以及与行为之间的联系；第二步是设定目标；第三步是大脑风暴，和受助者一起确认不同的解决方法并把它们写下来，要至少列出10个办法；第四步是一起评估各种办法并选择最好的办法。

3. 促进正向活动　帮助受助者规划和参与积极的、快乐的、有意义的活动，从而改善他们的情绪、认知和人际关系，帮助他们重新获得控制感。首先向受助者解释进行正向活动的意义；接着确认一种或更多种具体活动项目，和受助者一起列出可能的活动清单，帮助其选择，选出3种下一周准备开展的活动；然后制订活动的时间表，运用日历或者制订精确的计划，避免他们陷入恶性循环；最后对活动的实施进行总结。

4. 管理反应　首先向受助者介绍灾后情绪反应；接着再帮助受助者识别他们的情绪表现以及触发器；然后通过教会受助者掌握放松技术、写下想法和感受的技术（书写练习）以及识别和管理触发器技术等帮助他们调整情绪；最后制订管理反应的计划并定期总结。

5. 促进有益思考　目的是选择有益的思维方式来帮助受助者认识其所述的灾难经历或现在所处的情况。第一步是解释促进有益思考的必要性，帮助其认识思维和情绪的不同，说明同一事件不同想法会导致不同的情绪及不同的行为，从而产生不同的结果，突出积极的思考可以改善情绪和提高应对能力。第二步是确认无益认知，无益认知包括消极应对、无助、缺乏安全感、愧疚和自责等心理反应的对应观念。如果受助者一开始无法确认其无益认知，可以先通过其对情绪的感受，然后再确定相应的认知，如"想到灾难，你有什么反应？""当出现这些反应的时候，你的想法是什么？"。第三步是确认有益认知。确认并写下可能的有益认知。如果受助不能自己产生有益的认知，可以给其建议。第四步是演习有益思维，在受助者确认有益思维之后，通过训练，可让受助者能用有益思维来代替无益思维。训练方法为让受助者想象相关情形并大声地说出能应对消极思维和情绪的有益思维。这样的训练需要制订计划，循序渐进地不断加强。第五步是在实践中练习有益思维。

6. 恢复社会关系　恢复受助者的家庭联系和社会联系，有益于其重建积极人际关系的同时获得有利的社会支持。首先解释重建健康的社会关系的重要性；然后和受助者一起描绘社会关系图，重点关注他们所遗漏的部分；接着和受助者讨论回顾他的社会关系图，可以通过提问促进讨论如"对你来说现在最重要的人是谁？""你愿意花更多的时间和谁在一起？""谁还需要你的帮助？""有没有其他你需要的支持"等；最后制订建立社交联系的计划，在明确了需要加强的关系后制订行动计划并定期总结。

参考文献

[1] World Health Organization, War Trauma Foundation and World Vision. Psychological first aid: guide for field workers [J]. Geneva World Health Organization, 2011, 33 (7): 391-395.

[2] Lipke H. EMDR and psychotherapy integration: theoretical andclinical suggestions with focus on traumatic stress [M]. Leiden: CRC Press, 1999.

[3] Beyerlein S, Beyerlein M, Johnson D. Psychological First Aid Field Operations Guide. 2nd Edition [J]. National Child Traumatic Stress Network, 2006, 33 (7): 391-395.

[4] Shapiro F. Eye movement desensitization and reprocessing: basic principles, protocols and procedures. 2nd ed [M]. New York: Guilford, 2001.

[5] M. Gelder, Michael, R. Mayou, Richard, P. Cowen, Philip, 著. 牛津精神病学教科书：中文版 [M]. 刘协和，李涛，译. 四川大学出版社，2004.

第11章 工具包4：灾后大众心理健康教育

第一节 儿童更易受到灾难的伤害

相对于成年人，儿童更缺乏自我保护与自救能力，更容易受到伤害。灾难不仅仅破坏了儿童所熟悉的物理环境与人际环境，也破坏了儿童原本有序的生活节奏与规律。因此，灾难后更需要关注儿童的反应，及时地保护儿童。

不同年龄的儿童在经历灾难后会出现一些心理反应（表11-1）。这些反应都是正常的，过一段时间绝大多数孩子会完全恢复，请不要过度担心，尽量多地陪伴孩子，倾听他们的感受。

表11-1 不同年龄儿童可能出现的灾后心理反应

	婴儿 （0~3岁）	学龄前儿童 （3~6岁）	学龄儿童 （6~12岁）	青少年 （12~18岁）
情绪、行为反应	发育水平退行（如又开始尿床、黏着大人等），警觉性增加（如容易惊跳），烦躁，睡眠节律紊乱，撞头、咬母亲乳头等攻击行为	在游戏、绘画或阅读中再次体验创伤（有时在游戏中会出现"魔力或英雄"角色而挽救了不好的结局，这是儿童修复创伤的方式），做噩梦，反复想到、看到或听到灾难情景，并表现为胆小退缩、缺乏情感、依赖父母、容易受惊、害怕上幼儿园及行为退行	注意力不集中，学习困难，焦虑，疼痛等躯体不适，发脾气、好打架或不理睬同伴等攻击行为，易哭泣，在游戏、绘画或阅读中再现、体验创伤以修复创伤，做噩梦，反复想到、看到或听到灾难情景，依赖父母，容易受惊吓，害怕上学，行为退行	行为冒险，出现疼痛等不适，情绪低落，爱发脾气，用违反纪律等攻击行为表达抑郁、愤怒情绪，做噩梦，脑海或眼前反复不自主地出现与灾难有关的情景，容易受惊
认知反应	不了解发生了什么	有时清楚，有时不清楚发生了什么	能理解灾难中受伤或得病而导致死亡这一现象	对灾难造成的结果完全能理解

一 如果您的身边有以下这些儿童，请给他（她）更多的关注！

- 在灾难中失去亲人或同伴的儿童。
- 在灾难中身体受伤或致残的儿童。
- 父母或照顾者在灾难中身体受伤或致残的儿童。
- 以往遭受过灾难或创伤事件的儿童。
- 患躯体疾病、残疾的儿童。
- 智力障碍儿童。
- 曾经有过情绪、行为问题的儿童。
- 有精神疾病家族史的儿童。

二 保护受灾儿童，您可以这样做

- 优先保证儿童身体安全，对于受伤儿童立即给予医疗救护。
- 优先给儿童提供清洁的饮用水、安全食品以及夜间保暖。
- 优先为还处于哺乳阶段的婴儿母亲提供安全的饮用水及喂养环境，保证婴儿能继续得到母乳喂养。
- 尽量把儿童安置在安全和安静的场所，避免儿童走失或因环境拥挤而不能入睡。
- 要指导儿童观看新闻报道，因为低年龄儿童可能会对电视画面中重现的镜头感到害怕和恐惧。
- 鼓励孩子用力所能及的方式表达对受灾群众的关爱，不鼓励孩子做力所不及的事情。
- 鼓励、倾听儿童说出自己在灾难中的经历及内心的各种感受。帮助儿童了解出现恐惧和害怕是正常的情绪反应，允许他们哭泣和表达悲伤。
- 应该反复向儿童承诺爱他，会照顾他免受再一次伤害。
- 尽量由家人或其他熟悉的人照料，尽早为儿童提供熟悉的生活环境。

尽可能全家人在一起。
- 尽早恢复儿童的生活常规。
- 及时处理自己的压力和调整情绪。您稳定的情绪、坚强的信心、积极的生活态度会使儿童产生安全感。

三 保护受灾儿童，请您尽量避免的行为

- 避免让儿童遭受二次伤害、走失或因环境拥挤而不能入睡。
- 不要让儿童反复暴露在血腥、伤痛的电视画面前。
- 不要批评儿童暂时出现的一些幼稚行为或行为发育上的退步，如遗尿、黏人。这些都是孩子经历灾难后的正常反应。
- 不要唠叨孩子，强求儿童表现勇敢或镇静。
- 避免在儿童面前表现出您的过度恐惧、焦虑等情绪和行为。
- 避免让儿童与父母或其他主要照料者分离（例如，把孩子一个人送到不熟悉的亲戚家会让孩子感觉更不安全）。
- 不让儿童参与力所不及的救助他人的事情。
- 不要让儿童被媒体干扰。

四 提供寻求心理援助的联系方式

如果您和您的孩子需要心理援助

请让＿＿＿＿＿＿＿＿＿＿来帮助您！

联系方式：

电话：＿＿＿＿＿＿＿＿

地址：＿＿＿＿＿＿＿＿

心理援助热线：＿＿＿＿＿（24小时）

第二节 老年人群的心理支持——渡过心理危机，重树生活勇气

由于老年人生理老化，运功能力受限，适应能力降低，因而在灾难中他们更容易受到伤害。所以，老年人群需要我们的特殊关注。

一 如何与老年人良好沟通？

- 态度：关注老年人的躯体状态与疾病，尊重老年人的习惯，听取老年人的生活经验并积极借鉴。
- 言语：说话时用亲切而缓慢的声调，声音略大一些，尽可能在说话时配合一些动作，必要时可以反复重复，以帮助老年人理解说话内容，要根据当地的文化特点选择对老年人合适的称呼。
- 动作：根据老年人的年龄与身体状态，配合老年人的行动速度，选择适当的搀扶动作，说话时尽量与他们保持近距离，身体前倾，目光有交流；可以自然地握着老人的手或并肩而坐。

二 如何帮助他们？

- 尽量为老年人提供熟悉、稳定、安全、方便的起居环境。
- 提供必要的生活和医疗资源，如老花镜、轮椅、拐杖、药品等；注意原有疾病及药物的使用情况，保证疾病得到及时的治疗，必要时咨询医生。
- 帮助他们联络家人或熟悉的亲人，尽量给予陪伴。
- 帮助老年人获得重要信息，如财产、救助、安置情况等。
- 利用老年人曾经历过的磨难，以及他们自身强大的意志力和顺应性，鼓励他们表达悲伤，宣泄痛苦，接受现实，计划未来。

第三节　如何走出丧亲之痛

一个对您很重要的人去世了，您会很悲伤，会经历一个十分痛苦的过程。亲人去世后，每个人的反应可能不同，有人会震惊，有人会悲痛，有人感觉彷徨无助，有人感到愤怒或愧疚，也有人感到孤单害怕甚至麻木。

伤痛体验是一个自然的过程，走出伤痛需要时间。随着时间逝去，人会慢慢接受亲人的去世。

一　丧失了亲人，我们如何走出哀伤？

- 照顾好自己的生活，吃好、休息好、坚持适量运动。
- 表达自己的感受，宣泄自己的情绪，想哭的时候可以哭。
- 寻求支持，向自己的家人、朋友、邻居、同事、同学倾诉，看看以前的照片，谈谈去世的他（她）。
- 您可能感到生活没有了方向，可以在冰箱或家门上贴一些纸条，提醒自己今天要做些什么事情。
- 将可以随时联系的亲友电话号码写在显眼的地方，当自己需要帮助的时候，可以打电话寻求帮助。
- 做一些让自己放松的事情，如短途旅游、约朋友看电影、按摩、看书、种点植物或养个易打理的宠物。
- 避免喝过多的酒或抽过多的烟。
- 如果身体不适，请及时就医。
- 适当帮助他人，如去当志愿者，给街上乞丐买个面包，帮助老人搬点东西等。
- 在丧亲的头一年里，避免做出重大的生活转变（如搬家或换工作），这会让您保持安全感。

二、面对丧失亲人的人，我们如何帮助他们？

他（她）的亲人去世了，情绪可能很糟糕，需要他人的理解与尊重。我们可以：

- 主动提供帮助，询问他（她）需要什么，然后尽力做好。
- 若他（她）想哭，不要阻止他，能够表达情绪十分重要。
- 若他（她）愿意说话，请耐心而专注地倾听，尽量不要打断；可以的话，一起谈谈去世者生前的故事。
- 若他（她）不想说话，我们可以陪伴在他的身边，即使是不说话的陪伴，也是一种支持。
- 将自己的联系电话写在显眼的地方，并告诉他（她）如果需要帮助，可以打电话。
- 如果没有时间去看他，可以定期打电话或发信息问候——即使他没有回复。

面对丧失亲人的人，我们如何表达善意？

适宜的表达：

- 我能体会到您失去重要亲人的痛苦。
- 如果您想哭，可以好好哭一场，哭泣不代表您不坚强。
- 当您想念去世的亲人，可以写下来，或者找个愿意倾听的人诉说。
- 如果您想说说他/她（去世者）的事情，我很愿意倾听。
- 这个过程很难熬，我们会陪伴着您一起走过去。
- 我会经常打电话给您，看看您有什么需要我帮忙的。
- 要好好照顾自己。

不适宜的表达：

- 别再哭了。
- 要坚强一点儿。
- 尽快振作起来。
- 不要再想他（她）了。

- 你一直悲伤有什么用？
- 过段儿时间，你就会好起来了。

何时该求助精神科医生？

- 如果经过自己的努力，几个月后痛苦仍未减轻；
- 如果有自杀的想法；
- 如果悲痛的心情严重影响了您的日常生活、学习或工作；

您可以到当地精神科门诊或心理危机干预机构咨询。

第四节　受灾群众的自我保护

一　努力做

- 从政府、救援人员等正规渠道了解救助的最新动态与信息。
- 选择救援人员安排的避难场所，尽管不很舒服，也不要盲目躲避在危险区域的房屋里。
- 在灾后困境下多理解、多谅解，免生冲突，才能保护自己和大家的利益。
- 尽量按时吃饭，饮水充足，不要以自己平素的好恶挑拣食物。
- 注意保暖，特别是夜间。
- 如果您有慢性病，请不要忘记按时服药。
- 注意卫生，尤其在暴雨过后，要保证食物、饮用水和手的清洁，特别注意预防疾病和瘟疫的传播。
- 在可能的情况下和家里人通话，让他们知道您很安全，同时感受他们的关心。
- 在集中场所安置的群众不要总是坐、躺或站在同一个位置，争取就近活动身体，一天坚持6次以上最好，不要担心活动时别人会笑话。

- 管好自己的钱物，避免因钱物丢失而使心情更为恶劣。
- 尝试着对周围和您一样避难的人微笑一下或说句鼓励的话，简单沟通会增强您的安全感。
- 若您察觉自己有明显异常，或发现他人有异常举动，请尽快到医疗站咨询或寻求相关人员的帮助。

> 不信谣，不传话；心平静，少害怕；
> 环境改，多适应；邻里间，多说话。

二 "三"不要

- 不要指责或埋怨。自然灾害不是任何人的责任，没有人愿意遭受灾难。即使感到焦躁，也不要在亲人间相互埋怨，应当相互关心、相互支持。
- 不要轻信传言或传播谣言。
- 面对一时不能解决的困难时，不要聚众闹事。暴力不但不能解决困难，反而会使问题更为棘手；请坚信政府、军队及全国群众心系灾区，正千方百计地努力解救灾区群众。

> 少埋怨，相互帮；有矛盾，化解它；
> 鼓勇气，树信心；平安日，早回家。

三 帮助他人时

- 注意休息，休息时离开工作场所，不要将全部时间用于帮助对象。
- 休息的场所尽可能与帮助对象分开。
- 与家人和朋友保持联系。

- 适当地放松和娱乐。
- 聆听和感受受灾人员的遭遇时,时刻不要忘记自己是救助者,不要将自己与帮助对象完全等同。

四 遭遇挫折时

- 开展正向的自我对话,对自己说"我做得很好"。
- 不要过度自责,告诉自己"我已经尽力了""没有人是万能的"。
- 在每天工作结束时,用几分钟和同事谈一谈今天的想法和感觉,不让糟糕的心情过夜。
- 有饭就吃,有水就喝,有可能就睡觉,有可能就洗热水澡,尽量不增加吸烟量和饮酒量。
- 感到压力令人透不过气时,通过呼吸节奏调适心情,深吸气、闭气,之后用力呼气。

五 助人者要尤为重视自我保护

重大灾难中的救助人员常常面对灾难的惨状。救灾过程中的过度负荷与困难、对生还者及创伤者的同情均会对救助者的身心状态造成冲击,产生身心反应,甚至导致极度身心疲惫和情感枯竭等表现。为了更好地帮助其他受灾者,救助人员务必关注自己的身心状况并及时进行自我调适。

在帮助别人之际,别忘了照顾您自己!

第五节 因灾致残人员的心理支持——扶助共进、真挚关爱

灾难会导致部分人身体残疾,最常见的是肢体残疾。他们不仅亲身经历了灾难,还要适应从正常人到残疾人的转变,是灾后心理干预工作的重点对象。

面对身体与心理的双重危机和疼痛，请为他们提供一些力所能及的帮助吧！

一 如何与他（她）们良好沟通？

- 目光：初次见面时尽量用正常的目光看待他们。切忌显示出奇怪或好奇的样子，不要把目光停留在他（她）的残疾部位，也不要用同情的眼神看着他们。
- 言语：和他（她）谈话时，不仅要注意回避与其生理缺陷有关的词语，谈话的内容也要宽泛一些，不要仅仅涉及残疾的事情。
- 协助：当看到他（她）活动不便时，一定要征得对方同意后再提供具体的帮助。

二 如何帮助他们？

- 如果需要手术治疗，帮助他（她）在术前做好心理准备；医生告知手术时，应有家属陪伴；尽可能安排心理干预人员现场陪伴，关注并接纳他们的心理反应。
- 帮助他（她）接受关心自己的人的情感支持，建立与医疗人员的合作，避免因被动而抵制的行为。
- 帮助他们积极应对，在帮助他们接受自己的身体与他人不同的同时，也认识到自己有更多的地方与他人相同。
- 当他们处于否定和抑郁状态时，采取倾听、解释、指导等方式，对患者给予关心和尊重，对他（她）的痛苦和困难给予同情。
- 根据他（她）的性别、年龄、生活背景和致残程度为其树立合适的榜样。
- 要注意创伤后应激反应和可能出现的抑郁、自杀等严重问题，尽可能给陪伴伤者的亲友发放相关的健康教育宣传资料，并留下求助信息，以保证伤者能及时得到专业人员的帮助。

三 如何建立支持系统？

- 使因灾致残人员的整个家庭参与进来。
- 为家庭提供适当的康复信息。
- 督促实施康复训练计划。
- 尽可能提供无障碍的生活和学习环境。
- 鼓励因灾致残者尽早回到原来的学习和工作环境。
- 开展小组互助和团体辅导。

第六节 灾后常见心理反应

经历灾难后，人们可能要面对许多问题：失去熟悉的家园、目睹遇难者的遗体、听见幸存者的呼救、出现通信中断和交通阻塞、与亲人失去联系、被转移集中安置到陌生的地方、生活失去规律、睡眠缺乏或存在营养不足等。

这些境况会使人们出现心跳加快、血压升高、胃部不适、恶心、腹泻、头痛、疲乏及入睡困难等身体反应。还会出现更为复杂的心理反应：有些人变得心烦意乱、紧张焦虑、容易愤怒、指责抱怨，甚至行为失控；有些人感到孤立无助、悲痛欲绝、沮丧无望；有些人变得注意力不集中，难以照顾好自己和家人，以及茫然失措、行为笨拙；有些人会在灾难过后仍然反复回想灾难场景，甚至睡觉时都会被噩梦惊醒；还有些人可能借酒浇愁、吸烟增加，甚至服食毒品以缓解痛苦。

我们难免会感到疑惑：自己怎么了？我该怎么办？请不要过度担心，这些都是人在经历灾难后的正常反应。

一、失眠

（一）失眠有哪些表现？

1. 夜间表现

（1）难入睡：入睡时间超过 30 分钟。

（2）容易醒：夜间觉醒次数 ≥ 2 次或凌晨早醒。

（3）质量低：睡眠浅、多梦、主观感觉睡眠不好。

（4）没睡够：通常少于 6 小时或比以往睡眠时间缩短。

2. 白天表现　嗜睡、无精打采、头晕、怕光、眼皮水肿、目光呆滞、大脑思维能力下降、打哈欠、乏力等。

注意：失眠者经常是上述几种情况不同程度混合存在。

3. 一般人应该睡多长时间？

（1）新生儿至少一天要睡眠 20 小时，婴儿需要 14～15 小时。

（2）学前儿童需要 12 小时，小学生 10 小时，中学生 9 小时。

（3）大学生与成人一样需要 8 小时，老年人因新陈代谢降低，睡眠需要 6～7 小时。

注意：以上数据并非"金标准"，应根据个人的白天清醒程度来判断所需睡眠量。只要早上起床时头脑清晰，一天中没有疲劳感，能够神清气爽地处理事情，则表示睡眠时间已经足够。

（二）长期失眠的害处

长期失眠可以引起情绪、注意力和警觉性受损，还会影响人体的免疫功能，增加患上心血管疾病的风险。

（三）如果有失眠现象，我们应该怎么做？

- 不要熬夜，规律作息、准时上床、准时起床，尤其不管前一晚何时入睡，都要准时起床。
- 睡前不要在床上读书、看电视或玩手机。
- 每天适量的运动可以帮助睡眠，但夜间的运动可能会影响睡眠。
- 不要在傍晚以后喝酒、咖啡、茶及抽烟。假如你有失眠问题，更应避免在白天使用含有咖啡因的饮料（茶、咖啡、可乐等）来提神。
- 晚餐不要吃得太饱，但可在睡前喝杯热牛奶及吃少量饼干或面包，来帮助睡眠。
- 如果上床 30 分钟后你还是睡不着，那就起床，做些单调且无聊的事情，等有睡意后再上床睡觉。
- 睡不着觉时，不要总盼望着尽快入睡，那样反而会因为担心而更睡不着。如果不去担心了，放松心情的时候，可能很快就入睡了。
- 如果你有失眠，尽量不要午睡。如果实在想睡，可小睡 30 分钟到 1 小时。

（四）用喝酒来帮助睡眠有何坏处？

小量喝酒或许能帮助入睡，但长期靠饮酒来帮助睡眠，需要喝的酒量可能会越来越多，会引起酒精依赖。而且饮酒过多，可能会抑制呼吸，使睡眠中出现呼吸暂停，或出现打鼾。

（五）为什么不能靠吃感冒药来帮助睡眠？

有些人会服用感冒药来帮助睡眠，因为感冒药中含有的使人困倦的成分确实能帮助入睡，但是，感冒药更主要的作用是治疗头痛、流鼻涕、发烧等感冒症状。如果长期服感冒药，可能会引起肝和肾的损伤。

> **何时该求助医生？**
>
> 如果失眠持续超过1周，白天总是疲倦、心情烦躁或抑郁，经过调整心态和睡眠环境仍不能改善睡眠，我们应该到精神科门诊、心理危机干预机构或医疗队进一步咨询和求助。

二 抑郁

我最近心情很差，是患上抑郁症了么？经历灾难后，人们可能丧失了亲人，损失了财产，心情很差是非常正常的反应，不代表一定就是抑郁症。随着时间的逝去，绝大多数人的心情会慢慢好转，逐渐恢复正常的学习、工作和生活。

我们需要了解

1．心情低落会减弱人的体力和精力，还会降低人的自控能力。

2．心情低落时可以自我调适，适当的调适能恢复心理平稳。

3．转移注意力会有所帮助，如看电视或听喜欢的音乐。

4．合理宣泄情绪，如找亲人或朋友倾诉、写日记、找个地方哭一场都是缓解内心痛苦的好方法，还可参加一些自己喜欢的文体活动等。

5．即使患上抑郁症也不可怕，它是一种常见疾病，在医生的帮助下，可以得到有效治疗。

6．抑郁症患者会感觉自己非常虚弱或懒散，但他们还是会竭力应付生活。他们最需要亲朋好友的主动支持和帮助。

7．某些药物也可能会引发抑郁症状（如抗高血压药物、口服避孕药和皮质醇等）。

8．长期过量饮酒可以引起抑郁症状。

9．抑郁症病情严重时会有自杀的可能性，需要及时寻求医生的帮助。

10．某些群体是抑郁症高危人群（例如，近期分娩、患过脑卒中及有家族史者），需要家人格外关注。

> **何时该求助医生？**
>
> 若发生灾难1个月后，心情低落仍然难以缓解，总是无任何原因的疲惫，对什么都提不起兴趣，甚至有自杀的想法，我们就应该马上到精神科门诊、心理危机干预机构或医疗队进一步咨询和求助。

三 经历灾难后，常常控制不住地想起灾难情景

有些人目睹或亲身经历灾难后，会不受控制地回想灾难时的情景，并伴有很不愉快的情绪。这是灾后的常见现象，称为"闪回"。大部分人在1个

月内会慢慢恢复。如果超过了1个月仍未恢复，应该向精神科医生求助或到心理危机干预机构咨询。

1. 经历灾难后变得很敏感，一点声响就会吓一跳　这是因为经历灾难后，大脑为了保护自己，表现为警觉性升高。这好比一部车的防盗系统出了问题，过于敏感，一点风吹草动就会响起警报。一般来说，随着时间的推进，这种情况会慢慢减轻直至消失。若超过1个月都没有缓解，我们应该向精神科医生求助或到心理危机干预机构咨询。

2. 经历灾难后，会回避与灾难相关的一切事物　目睹灾难会使人们处于极度恐惧中，大脑持续紧张，即使灾难已经过去，但大脑的紧张还是不能缓解。当与灾难相关的事物出现时，这些事物就相当于一个扳机，一下子就会勾起有关灾难的回忆，使人产生痛苦的体验。所以有些人会回避与灾难相关的一切事物，如新闻播报、评论报道、灾难发生地点等。一段时间后这种感觉会慢慢消失。若超过1个月还没有缓解，应该向精神科医生求助或到心理危机干预机构咨询。

3. 灾后最严重的急性心理反应有哪些？有些人由于在逃生和救助他人的过程中消耗了大量体力，精神处于崩溃边缘，表现为：

- 凭空听见有人叫自己的名字、与自己说话或者命令自己做事（如脱掉衣服、丢弃财物）。
- 凭空怀疑周围的人是坏人，要抢劫或谋害自己，因此感到十分害怕、恐惧。
- 感觉周围事物变得不清晰、不真实，如在梦中，走到危险的地方也没有察觉。
- 睡不着觉，吃不下饭，灾难场景不断闪现。
- 听到与灾难相关消息即悲痛不已或恐惧不安。

上述急性心理反应一般在灾难发生后48～72小时内逐渐减轻，多数在30天内明显缓解，但少数人会延续数月甚至数年，表现为"创伤后应激障碍"。尽管灾难时过境迁，但他们仍睹物思人、触景生情，灾难片段在脑海中或梦中反复闪现。他们甚至不愿在原来的环境中生活，不愿和人交往。这种情况下，我们应尽早向精神科医生求助或到心理危机干预机构咨询。

四 预防自杀：唤醒生存希望

自杀前可能出现的迹象

- 对他人说想自杀。
- 写遗书。
- 突然处理搁置了很久的事情。
- 突然对亲朋交代事情。
- 长期抑郁，但突然无故变得轻松。
- 准备自杀工具（大量药物、毒药、刀具或绳索等）。

如果身边的人想自杀，我们能做什么？

- 耐心倾听和启发他（她）的倾诉，尽量回答他（她）的问题，但不要轻易承诺。耐心倾听能让濒临绝望的他（她）感到温暖和一丝希望。
- 态度谦卑，不要教训人，不要将自己的信念或宗教信仰强加给他（她）。
- 如果发现他（她）自杀的风险很高，或者劝慰不住，应该立刻向当地精神专科机构或者心理援助机构寻求帮助。

求 助 宣 传

人生有酸甜苦辣，起落沉浮，

没有人一辈子都一帆风顺。

当您遇到挫折的时候……

当您感觉心情低落的时候……

当您感到内心疲惫不堪的时候……

当您觉得人生没有意义的时候……

当您感到无助绝望的时候……

当您想自杀的时候……

请联系我们，我们愿意倾听和帮助您。

请让_____来帮助您！

联系方式：

地址：_____

心理援助热线：_____（24小时）

五 吸烟

1. 您吸烟成瘾了吗？

如果您吸烟，可以完成以下测评，并汇总分数，看看自己是否对吸烟有过度依赖（表11-2）。

表 11-2　吸烟成瘾测评表

您在起床多久后吸第一根烟？	
起床60分钟后（0分）	起床后31~60分钟（1分）
起床后6~30分钟（2分）	起床后5分钟内（3分）
您是否觉得在禁烟场所不吸烟很难受？	
是（1分）	否（0分）
以下哪种情况最难放弃吸烟？	
早上起床后第一根烟（1分）	其他时候（0分）
您每天平均吸多少根烟？	
10根以下（0分）	11~20根（1分）
21~30根（2分）	31根以上（3分）
您起床后1小时内吸烟数量是否多于其他时间？	
是（1分）	否（0分）
您生病卧床时还会吸烟么？	
是（1分）	否（0分）
总分说明：1~3分＝轻度依赖；4~6分＝中度依赖；大于6分＝重度依赖	

2. 吸烟的害处

- 致癌风险高：吸烟者患肺癌的风险是非吸烟者的13倍。
- 冠心病风险高：吸烟者比非吸烟者高3.5倍。

- 更容易患呼吸道疾病。
- 让皮肤提前衰老。

3．可以通过哪些方法戒烟？

- 特意在一两天内超量吸烟（每天吸 2 包左右），使人体对香烟的味道产生反感，从而开始戒烟。
- 想象自己在吸烟，同时想象令人作呕的事。
- 将戒烟的原因写在显眼的地方，经常阅读。
- 将想购买的物品写下来，按其价格计算购买香烟的包数，并逐日将原来平时购买香烟的钱放在储钱罐里。每过 1 个月清点一次钱数，用来购买之前喜欢的物品。
- 用自己的烟钱作"赌注"，跟朋友"打赌"，保证戒烟。
- 不整条买烟。
- 不随身携带烟和打火机。
- 每周换一种焦油含量更低的香烟。
- 经常思考烟雾中的毒素可能对肺、肾和心血管造成的危害。
- 考虑一下自己的行为对其他家庭成员造成的危害，他们正在呼吸污染了的空气。
- 问问自己你的健康对你的父母、亲朋是否重要。
- 避免出现在烟民聚众吸烟的场合。

六 喝酒

1．您喝酒成瘾了吗？

如果您经常饮酒，可以完成以下测评，看看自己是否已经饮酒成瘾。

- 您是否觉得应该减少自己的饮酒量？
- 是否有人因为您饮酒而批评您？
- 您是否因为自己的饮酒问题感到内疚？
- 您早晨醒来的第一件事情是饮酒吗？

说明：如果有两项或以上的条目回答"是"，提示可能存在酒精依赖。

2. 长期饮酒的害处
- 容易引起社会事件与家庭不和，如酒后驾驶、酒后闹事等。
- 引起肝功能损害，更易患上肝硬化等。
- 引起性功能损害，出现阳痿、早泄等。
- 引起脑功能紊乱，更容易出现痴呆。
- 引起胃肠道不适，出现胃炎、胃溃疡。
- 引起骨质疏松和高血压。

3. 何时该求助医生？
- 停止饮酒后，出现手抖、坐立不安、烦躁。
- 要喝比以往更多的酒才能达到以前饮酒后"满足舒适"的感觉。
- 因为饮酒问题严重影响了工作、学习、家庭等社会功能。
- 出现酒后遗忘。
- 长时间心情不好，感觉不到乐趣，变得懒散。
- 出现敏感多疑。

4. 若已饮酒成瘾，如何戒酒？
- 如果已经饮酒成瘾，为避免出现严重的戒断反应（手抖、心慌、冒汗、四肢抽搐、神志不清），最好不要立即停止饮酒。
- 将每天的饮酒量逐步递减，在2周内逐步停止饮酒。
- 戒酒的同时，注意增强营养，多吃富含维生素B_1的食物，如小麦胚芽、猪腿肉、大豆、花生、黑米、鸡肝、猪肝和鸡蛋等。
- 尽量减少和"酒友"们的聚会。
- 将饮酒的害处写在纸上，放在钱包里，贴在门上、冰箱上，每天阅读。

5. 若自己无法走出困境，如何寻求帮助？
- 先向身边的人求助，如家人、亲戚、邻居、朋友、同事、同学等。
- 与心理危机干预医疗队的队员联系。
- 求助于当地精神专科机构。
- 求助于当地心理咨询机构。
- 求助于志愿者或社会工作者。

参考文献

[1] 马弘. 汶川震后社会心理支持项目核心信息卡. 北京：北京大学医学出版社，2013.

[2] Beyerlein S，Beyerlein M，Johnson D. Psychological first aid field operations guide. 2nd Edition [J]. National Child Traumatic Stress Network，2006，33（7）：391-395.

[3] Myer R A，Conte C. Assessment for crisisintervention. J Clin Psychol，2006，62（8）：959-970.

[4] 汪向东，王希林，马弘. 心理卫生评定量表手册（增订版）. 北京：中国心理卫生杂志社，1999.

第12章 工具包5：志愿者管理与培训

第一节 志愿者的组织管理

一、简介

我国目前将志愿者定义为"不为物质报酬，基于良知、信念和责任，志愿为社会和他人提供服务和帮助的人"。灾难发生后，会有大量志愿者出现在灾区。他们来自四面八方，背景千差万别。既有非政府组织性质的志愿者团队，也有完全以个人身份参与的独立志愿者。需要专门加以协调和管理，以利于发挥志愿者的特长，提高志愿服务的质量。本工具包针对的主要是与危机干预医疗队密切相关的志愿者群体，其内容主要包括志愿者的从属关系、素质要求、登记注册、管理培训及组织分工等具体内容。

二、志愿者的基本要求

因灾难后心理危机干预工作的特殊性，对与医疗队一起工作的志愿者群体有如下具体要求：

1. 达到国家法定成年年龄，原则上不接收未成年人。
2. 身体健康状态良好。
3. 心理健康状态良好。
4. 具有灾难救援工作经验者优先。
5. 具有医学、心理学、社会工作专业背景者优先。
6. 熟悉当地语言文化者优先。
7. 如果志愿者来自于灾区，则需对其当前的身心状况、财产损失、家庭负担及社会支持等条件进行深入评估，以确定其是否适合志愿服务。

三、志愿者的注册登记（含登记表）

志愿服务的提供和志愿者人员的接收均应受当地救灾指挥部的统一调配。有意愿与危机干预医疗队共同工作的志愿者，应向救灾指挥部提出申请并在得到批准后，到指定医疗队报到并接受统一管理。

危机干预医疗队应有专人负责志愿者的报到注册工作，并指导志愿者认真翔实填写《危机干预医疗队志愿者登记表》（表12-1），并要求其在充分了解内容的前提下签署志愿服务相关协议。具体步骤如下：

1．医疗队设立志愿者报到处，并安排接待人员。

2．接待人员向志愿者说明医疗队工作的性质、要求及相关情况。

3．查验志愿者的身份证及指挥部出具的证明手续。

4．志愿者参加心理评估，并按要求填写心理问卷。医疗队依据评估结果对志愿者进行筛选。

5．符合条件的志愿者领取并填写登记表格。

6．志愿者签署志愿服务相关协议。

7．向志愿者发放身份标识。

表 12-1 危机干预医疗队志愿者登记表

志愿者编号：　　填表日期：　年　月　日

照片	姓名：		性别：	民族：		出生年月：
	所属志愿团队：			有何特长：		
	身份证或其他有效证件号码：					
	工作单位及职务：					
	血型：　药物过敏史：　慢性病史：　其他躯体问题：					
教育程度：□小学　□初中　□高中　□中专　□大专　□本科　□硕士　□博士							

联系方式	单位电话：	手机号码：	联系QQ：
	通信地址及邮编：		
	电子邮箱：	家庭住址：	
	第一联系人手机：	通信地址及邮编：	

培训经历：
工作经验：
志愿者服务经历：
所希望服务的项目：
可提供服务的时间：
申请人承诺： 我志愿成为一名灾难救援志愿者。我承诺：尽己所能，不计报酬，帮助他人，服务社会，以灾区的需要为主，以灾民的利益为先。 <div style="text-align:right">申请人签字： ＿＿＿＿年＿＿月＿＿日</div>

四 志愿者的管理培训

1．志愿者的管理　对于由非政府组织（NGO）组建并进入灾区的志愿者团队，危机干预医疗队应尽可能尊重其独立性。在指挥部统一管理协调的前提下，与其保持良好的合作关系。此类志愿者团队有着相对完整的工作原则、规章和制度，医疗队可提供相应的专业建议，并提供所需的支持。

对于以个人身份进入灾区的独立志愿者，经指挥部下派至医疗队进行志愿服务的情况，危机干预医疗队应将其纳入自身的组织管理体系。依照医疗队队员的标准对其进行职务分工，提供工作必备的资源，并适时加以帮助。

2．志愿者的培训　危机干预医疗队的领导者负责安排对于志愿者的上岗前培训。培训内容为工具包3"灾后大众心理危机干预技术"和工具包5第二节"灾后志愿者自我心理防护"《灾难后志愿者自我心理防护培训手册》。根据灾区实际条件调整训练深度，心理急救培训需覆盖下述方面：①接触介入；②安全舒适；③稳定情绪；④收集信息；⑤实际帮助；⑥联系支持；⑦应对信息；⑧转介服务。关于自我心理防护的具体内容和实施操作，可参见《灾难后志愿者自我心理防护培训手册》。

五 志愿者的日常工作制度

1．遵守国家相关法律法规。

2．服从医疗队的调配和指导。

3．按时参加医疗队分工会议。

4．工作时需统一佩戴身份标识。

5．严格执行志愿服务工作规范。

6．若出现困难或突发情况需及时上报医疗队。

7．衣着得体，言辞得当。

8．注意人身安全。

9．注重保密原则。

10. 服从轮岗和休息制度安排。

11. 如决定退出志愿服务，报请医疗队负责人同意后方可离去。

六 志愿服务中应避免的用语

1. 你不能这样想。
2. 相信我，我能体会你现在的感觉。
3. 你这样已经很幸运了。
4. 你可以找一个人再婚。
5. 所有的事情都会变好的。
6. 好在你的家人在离世的时候不是很痛苦。
7. 好死不如赖活着，对付过吧！
8. 我们都能从这件事中走出来。
9. 时间能淡化一切。
10. 让我们说说其他的事吧！

七 注意事项

1. 志愿者提供服务时，应尽量避免因不当言行对受助者造成伤害，甚至引发激烈的冲突。

2. 志愿者需认真学习当地的文化特点，尊重风俗习惯，了解宗教禁忌等，并在志愿服务的过程中加以注意。

3. 非政府组织的志愿者团队参与危机干预医疗队工作时，应相互尊重、信任和无私支持。

4. 对于经过深入评估认为的确不适宜从事危机干预志愿服务的志愿者，医疗队应本着认真负责的态度，向指挥部做出调整其转换服务地点的申请，并帮助其适应新的环境。

5. 危机干预医疗队应时常关切志愿者群体的心理健康并加以适当维护。

第二节 灾后志愿者自我心理防护

一 简介

1. 培训背景　本培训手册中所提到的志愿者,特指并非由政府指派、而是依其个人意愿自行来到自然灾难现场,并志愿提供服务的团队和人员。志愿者为灾后的生命救援、物资供应和安置重建等做出了不可磨灭的贡献。

志愿者属于灾难的目击人群,灾难现场也给其带来强烈的视觉冲击和情绪负担,而在志愿服务中挫折也累积了诸多不良感受。这有可能严重危害着志愿者群体的身心健康和志愿服务进程,甚至使一些志愿者不得不提前中止服务,带着心理创伤离开灾区,还可能造成身心的终生不良影响。

2. 培训内容　对共同工作的志愿者群体提供心理健康维护是灾后危机干预医疗队的任务之一。有条件的情况下应对志愿者进行评估,对不适合灾区志愿服务的人员可以劝其离开灾区。对志愿者群体进行工作中的心理健康维护,可参考团体干预章节。

工作前心理培训的课程包括灾难对人的心理影响、心理症状和不良情绪识别、自我心理防护技能及团队内部心理健康维护机制等。

二 志愿者心理健康状况筛查

受灾区现实条件的限制,很难对志愿者展开详尽而深入的心理测量。故仅针对志愿者的现时心理健康状况进行简单评估,建议应用操作简便、耗时较少的心理测量工具,比如心理健康自评问卷(SRQ-20)及12项一般健康问卷(GHQ-12)等。具体量表内容可参见工具包6"灾后心理状况的评估实施"。

三 志愿者心理自我防护知识培训课程表（表12-2）

表 12-2 灾难环境下的志愿者心理培训操作流程

时间	环节	内容
5分钟	开场白	自我介绍、课程简介 了解既往心理培训情况
10分钟	第1小节：灾难的心理影响	本次灾难的特点、灾难对人的现实威胁、灾难对人的心理损害、所需要的心理准备
15分钟	第2小节：常见心理问题	（1）情绪反应：焦虑、恐惧、抑郁、愤怒、哀伤 （2）行为反应：回避、退缩、依赖、敌对攻击、茫然无助、物质滥用 （3）其他心身反应
15分钟	第3小节：自我防护知识	进入现场前的防护、常用自我心理调节技巧
20分钟	第4小节：志愿者团队内部支持	同伴支持：倾听陪伴和分享经验 心理状态调整和离队程序
10分钟	结束语和尾声	给予正性情感支持、建立良好的工作和人际关系、介绍转介途径、处理需要个体访谈的队员

注：全部课程时间控制在 70～90 分钟。

四 注意事项

1. 如果在到达灾区之前该志愿者团队或个人均已接受过心理培训，可现场以提问的方式动态了解其知识技能的掌握程度。根据现实情况，采取以下两种方式继续培训：

（1）志愿者对知识了解程度较好：讲员可现场将学员随机分成数组，提出心理防护相关问题，展开小组内讨论进行互动学习。一方面可以强化重点知识，另一方面可帮助志愿者之间形成初步的互助关系。

（2）志愿者对知识了解并不全面：可灵活地打破授课次序，有针对性地挑选志愿者相对薄弱的环节进行培训,并着力解决志愿者较为关心的心理相关问题,择机强化其他内容。

2．如果在到达灾区之后,该志愿者团队或个人无法保证足够的时间参加全程培训,讲员可争取 30 分钟左右的时间,将课程主干内容精简加以介绍,并赠予心理防护手册等宣传材料,以利于学员阅读学习。另外,应与志愿者团队领导者建立良好的工作关系,以利于及时提供专业帮助和支持。

3．医疗队应做好随时对志愿者团队或个人进行心理危机干预的业务准备。

第13章 工具包6：灾后心理状况的评估实施

本工具包包含两部分内容：评估实施步骤和常用评估工具，用于灾民心理状况的评估，了解评估对象的心理状态，为分层制订干预方案提供依据，是以服务为导向的。评估实施步骤是推荐的评估时的一般顺序，可依据实际情况进行调整。常用评估工具中包含成人和儿童的筛查工具，所选量表都经过实践应用，具有良好的信效度。评估时可依据实际情况选择要使用的量表，量表使用者需接受培训。此外，还需注意要对获取的评估资料进行严格保密，以免受访人信息泄露而造成不必要的伤害。诊断工具推荐用简明国际神经精神访谈（the Mini-International Neuropsychiatric Interview，MINI），仅受过培训的精神科医生可以使用，需要时可自行携带。总体而言，要根据现场情况实施评估。一般先针对人群进行筛查，可采用SRQ-20、GHQ-12或PTSD-7，达到划界分者被列入下一步临床关注对象，需进一步深入评估。对于有一定文化程度的被试，可采用自评问卷如SAS、SDS、事件影响量表来评估症状的严重程度；对于文化程度很低的被试，则可考虑使用HAMA和HAMD来评估症状的严重程度，然后再根据病情的严重程度，结合现场人力、物力及环境资源的情况，实施分级处理。要重点关注被试的自杀风险，并予以特别处理。对于助人者的情绪风险，有单独的量表来进行评估。

第一节 评估的实施

一、评估实施步骤

见图 13-1。

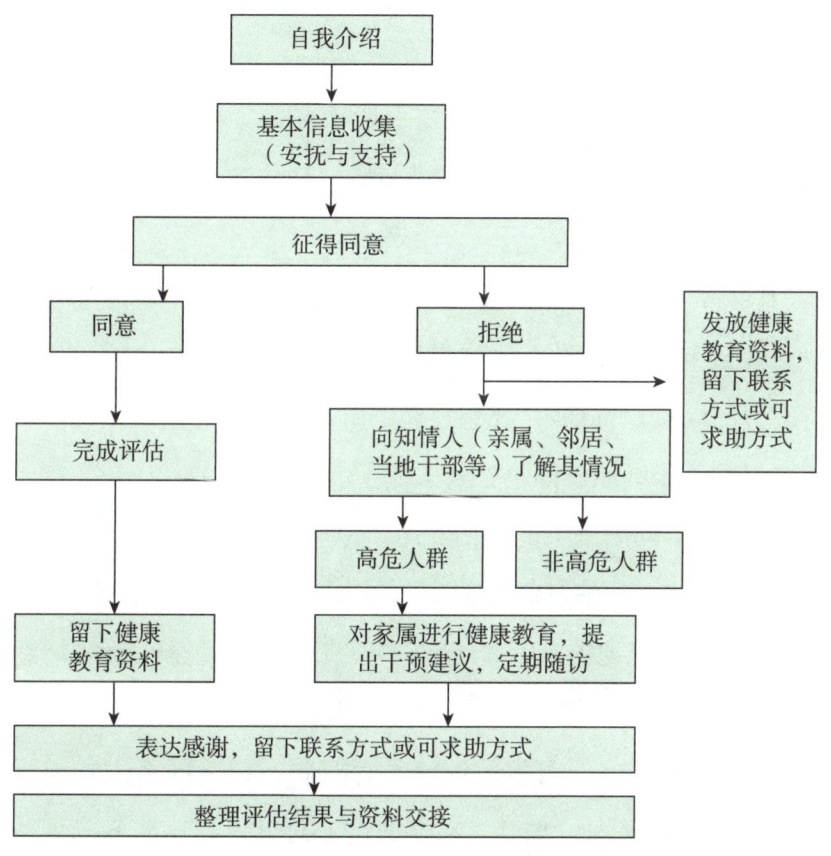

图13-1 评估实施步骤

二、注意事项

（一）评估前

1. 准备笔、笔记本、问卷、健康教育宣传资料、瓶装水及手巾纸等，着装得体，佩戴标识。评估应在单独安静的房间或棚屋进行，以保障被试的隐私。

2．接触对方时首先应介绍自己。例如，"您好，我叫×××，是×××医疗队的医生，希望能为您及家人提供一点帮助。"

3．向评估对象介绍评估的目的和保密原则，征得对方同意后才能开展评估。若评估对象是儿童，需要征得家长或老师的同意，并由家长或老师陪伴。

4．及时解答评估对象的疑问或困惑。

5．若发现当地方言难以听懂，应请当地人做翻译。

6．评估过程中注意保管好尖锐物品，做好安全防范。

（二）评估中

1．基本信息收集是对被评估对象一般情况的了解，必要时给予对方适当的安抚与支持，这是建立关系的关键步骤（建议熟记条目，接触时简单记录，事后完善问卷）。

2．工作人员应注意言谈举止得当，语言通俗易懂。熟记量表内容，忌手持量表逐字逐句照本宣科。评估内容太多时，可考虑在交流的同时记录，但需征得对方的同意。例如，"我想具体了解一下您各方面的情况，一下子记不全，我可以拿这张纸照着问吗？"

3．评估时不要问太细节的创伤经历，尽量引导对方发现现有资源，寻找生活改善的希望。如被评估对象出现明显的情绪反应，应终止评估，适当干预。

4．灾后初期，当地群众可能有较多不满、自责甚至愤怒等情绪，工作人员应该更多地倾听和陪伴，忌过多的承诺和保证。

5．对于拒绝评估者，可发放健康教育资料，留下联系方式或可求助方式，并向知情人了解情况。如其存在明显的心理问题，应告知家属或当地干部注意事项和一般支持性方法，务必留下联系方式或者求助方式。

（三）评估结束

评估结束时表达感谢，留下健康教育资料、联系方式或可以寻求帮助的联系方式等，以使对方知道在需要时如何寻求帮助。例如，最近能提供相关帮助的组织名称、地点以及心理服务热线电话等。

（四）其他

本工具包仅用于灾后救援工作。如用于科研，需申请伦理审查。

第二节　常用心理状况评估工具

一、基本信息

表 13-1 是以地震灾害为蓝本编制的灾后个人信息收集表，也可用于其他灾害个人基本信息收集，但对于具体灾难，如火灾、泥石流、空难、爆炸伤等，可在"灾难后家中受灾情况"一栏根据需要自行补充。

表 13-1　灾后个人信息搜集表

姓名		性别①男 ②女	年龄（　）周岁	民族
接受教育年限　　　年		宗教或民族信仰：①无 ②有（请说明是哪种：）		
文化程度：①文盲 ②小学及以下 ③初中 ④高中 ⑤大专 ⑥本科及以上				
目前主要职业：				
灾难前主要职业：				
目前工作地点：①原址 ②临时办公点 ③其他： 目前居住地：①安置点 ②非安置点 ③其他：				
婚姻状态：①未婚 ②已婚 ③离异 ④丧偶（灾难前、灾难后）⑤再婚（灾难前、灾难后）				
目前联系地址			邮编	
灾难前的住址				
搬迁次数（　）次				
联系方式（电话）				
同胞（　）人，排行第（　）				
灾难后家中受灾情况： 去世亲人（　）人，和本人关系：①配偶 ②子女 ③父母亲 ④同胞 ⑤祖/外祖父母 ⑥其他（　） 房屋：①倒塌 ②部分破坏，仍能居住 ③未受影响 其他财产损失： 自己躯体受伤：①无 ②有，部位（　）；自己因灾残疾：①无 ②有，部位（　） 亲人（　）因灾残疾：①配偶 ②子女 ③父母亲 ④同胞 ⑤祖/外祖父母 ⑥其他（　）				
目前家中共同生活（　）人 和本人的关系：①配偶②父母亲③子女④同胞⑤祖/外祖父母⑥其他（　）				
家人出外打工（　）人，和本人的关系：①配偶②父母亲③子女④同胞⑤其他（　）				
家庭经济主要来源： 家庭每月收入：　　元；支出：　　元 灾后家庭接受救助情况：①无 ②有，来源（　），金额数量（　）元；时间（　年　月至　年　月）				
躯体疾病：1. 现患病 ①无 ②有，情况说明： 2. 既往患病 ①无 ②有，情况说明：				
近1个月服药情况：				

二 成人筛查问卷——心理健康自评问卷（SRQ-20）

在过去 30 天内，您可能受到以下一些困扰。如果哪个条目与您的情况相符，并在过去 30 天内都存在，请选择"是"；如果这个问题与您的情况不相符，或在过去 30 天内不存在，请选择"否"（表 13-2）。回答没有对错之分，如果您不能确定该如何回答某个问题，请尽量给出您认为最恰当的回答。

表 13-2　心理健康自评问卷（SRQ-20）

1	您是否经常头痛？	是	否
2	您是否食欲差？	是	否
3	您是否睡眠差？	是	否
4	您是否易受惊吓？	是	否
5	您是否手抖？	是	否
6	您是否感觉不安、紧张或担忧？	是	否
7	您是否消化不良？	是	否
8	您是否思维不清晰？	是	否
9	您是否感觉不快？	是	否
10	您是否比原来哭得多？	是	否
11	您是否发现很难从日常活动中得到乐趣？	是	否
12	您是否发现自己很难做决定？	是	否
13	日常工作是否令您感到痛苦？	是	否
14	您在生活中是否不能起到应起的作用？	是	否
15	您是否丧失了对事物的兴趣？	是	否
16	您是否感到自己是个无价值的人？	是	否
17	您头脑中是否出现过结束自己生命的想法？	是	否
18	您是否什么时候都感到累？	是	否
19	您是否感到胃部不适？	是	否
20	您是否容易疲劳？	是	否
21	您是否抽烟增加？	是	否
22	您是否饮酒增加？	是	否

1. 仅对前20个条目计分，评分均采用"0"或"1"。"1"表示在过去1个月内存在症状，"0"表示症状不存在，最高得分为20分。SRQ-20的临床参考指标为7分或8分，总分为7分或8分及以上的受试者存在情感痛苦，需要精神卫生的帮助。

2. 21条和22条为补充项目，了解吸烟和饮酒增加情况。

三、成人筛查问卷——12项一般健康问卷（GHQ-12）

为了能更好地帮助您，我们想了解一下您最近两三周内的身体健康状况。请在每个问题后面选择最符合您目前状况的答案，回答没有对错之分（表13-3）。请注意：这里的每个问题都是指您从两三周前到现在的状况。

表13-3　12项一般健康问卷（CHQ-12）

1．你在做事情的时候，能集中精神吗？	能集中	和平时一样	不能集中	完全不能集中
2．你有由于过分担心而失眠的情况吗？	没有过	和平时一样	有过	总这样
3．你觉得自己是有用的人吗？	有用	和平时一样	没有用	完全没有用
4．你觉得自己有决断力吗？	有	和平时一样	没有	完全没有
5．你总是处于紧张状态吗？	不紧张	和平时一样	紧张	非常紧张
6．你觉得自己不能解决问题吗？	能	和平时一样	不能	完全不能
7．你能享受日常活动吗？	能	和平时一样	不能	完全不能
8．你能够面对所面临的问题吗？	能	和平时一样	不能	完全不能
9．你感到痛苦、忧虑吗？	不觉得	和平时一样	觉得	总是觉得
10．你失去自信了吗？	没有	和平时一样	失去	完全失去
11．你觉得自己是没有价值的人吗？	没有觉得	和平时一样	觉得	总是觉得
12．你觉得所有的事情都顺利吗？	顺利	和平时一样	不顺利	完全不顺利
13．你觉得自己吸烟增多了吗？	不抽烟	和平时一样	少量增加	大量增加
14．你觉得自己饮酒增多了吗？	不饮酒	和平时一样	少量增加	大量增加

评估结果说明：

（1）仅对前12条计分，回答前两项者计0分，回答后两项者计1分，总分范围为0~12分。GHQ-12主要针对精神痛苦水平而不具有诊断功能，总分值越高,个体的精神痛苦水平就越高。在用作筛查工具时,一般选择3分为切分值。

(2) 13条和14条为补充项目,了解吸烟和饮酒增加情况。

四 成人筛查量表——创伤后应激障碍简单初筛表(PTSD-7)

请根据您最近1个月的实际感受,选择"是"或者"否"。回答没有对错之分,请依据您的实际情况作答(表13-4)。

表13-4 创伤后应激障碍简单初筛表(PTSD-7)

1	你是否回避到某些地方、某些人或某些活动,以免提醒你回想起创伤的经历?	是	否
2	你是否对曾经重要的或感兴趣的活动失去兴趣?	是	否
3	你是否感到与其他人在情感上有距离或者感到孤独?	是	否
4	你是否很难感到被爱或对别人表示爱?	是	否
5	你是否感到对未来做计划根本没意思?	是	否
6	你是否比往常更难以入睡或保持熟睡?	是	否
7	你是否变得特别敏感或者易于因周围平常的声音或动作而受惊吓?	是	否

评估结果说明:

共7个条目,5条为回避和麻木症状,2条为过度警觉症状。评分均采用"0"或"1"。"1"表示在过去1个月内存在症状,"0"表示症状不存在。以4分作为界值分定义PTSD可疑阳性个体。

五 成人筛查量表——助人者情绪风险量表

帮助别人会让你与他们的生活发生直接的联系。当经历了上述事件后,你对被助者的同情会同时产生正面和负面的效应。我们想就你的经历询问一些问题,包括作为一个助人者的正面和负面的经历。请就你目前的状态考虑以下问题。回答没有对错之分,请依据您的实际情况作答,并从"0=从没有；1=很少；2=有一些；3=较多；4=经常；5=总是"中选择一个最接近你最近30天内状态的数字，填写在每个问题序号前。

_____1. 我感到快乐。

_____2. 我的精力不止倾注于一个被助者。

_____3. 能够帮助别人使我感到满足。

_____4. 我感到与别人有联系。

_____5. 我被意外的声音所惊吓。

_____6. 在帮助别人后我感受到鼓舞。

_____7. 作为一个助人者，我感到很难将自己的个人生活与助人生活区分开来。

_____8. 我所帮助的人的创伤性经历使我失眠了。

_____9. 我想我受被助者的创伤性经历影响了。

_____10. 我被助人者这份工作束缚住了。

_____11. 由于我的助人者工作，我感到自己对很多事情很紧张。

_____12. 我喜欢助人者这份工作。

_____13. 从事助人者工作，让我感到压抑。

_____14. 我感到自己在体验被助者的创伤。

_____15. 我拥有可以支撑自己的信念。

_____16. 对于自己能够不断拥有助人者的技巧与方法，我感到高兴。

_____17. 我就是自己想要成为的那种人。

_____18. 我的助人者工作让我感到很满足。

_____19. 由于从事助人者这份工作，我感到精疲力竭。

_____20. 对于那些被助者以及我如何帮助他们，我有恰当的想法和感受。

_____21. 对于我所要处理的工作量以及病（案）例数，我感到不堪重负。

_____22. 我相信我的工作是有用的。

_____23. 我回避某些情境与活动，因为那会让我想起被助者的可怕经历。

_____24. 我为自己能够帮助别人感到骄傲。

_____25. 由于从事助人者工作，我经常会突然冒出令人恐惧的想法。

_____26. 由于这份助人者工作，我陷入了困境。

_____27. 我感到自己是一个成功的助人者。

_____28. 我不能回忆起与创伤受害者工作的重要部分。

_____29. 我是一个非常敏感的人。

_____30. 我高兴能够选择这份助人者工作。

计分：

1. 同情满意问卷 3、6、12、16、18、20、22、24、27、30题（各项分数相加为总分）。

2. 枯竭问卷 14、8、10、15、17、19、21、26、29题（注意：需要反向评分：0=0分,1=5分,2=4分,3=3分。然后再把10项分数相加计算总分）。

3. 创伤/同情疲乏问卷 2、5、7、9、11、13、14、23、25、28题（各项分数相加为总分）。

4. 当同情满意维度总分≤32分，同情疲劳维度总分≥23分，且枯竭维度总分≥18分时，即为高风险（简称高危）；反之，则为低风险（简称低危）。

六、儿童青少年筛查问卷——儿童创伤经验身心症状评估（家长用）

下面是不同年龄组儿童灾难之后容易出现的一些症状，请家长根据孩子最近7天以来的实际情况进行评价。回答没有对错之分，请依据孩子的实际情况作答（表13-5至表13-7）。

表13-5 婴幼儿（0~2.5岁）创伤经验身心症状评估

最近7天以来的问题	没有	有
睡眠与排便时间错乱	0	1
对大声或不寻常的声音、震动有惊吓反应	0	1
身体突然不能动，僵直	0	1
急躁，无缘由地哭泣	0	1
丧失已习得的语言与动作能力	0	1
退缩、害怕分开，黏着家长	0	1
对造成灾难相关的事情（如影像或身体感受）有逃避或警觉反应	0	1

评估结果说明：

选择"有"的记录1分，选择"没有"的记录0分，然后计算总分。1～2分：值得关注——注意休息，1周后再次进行评估；3～4分：需要帮助——需要寻求心理学或精神卫生专业机构或人员的援助；5～7分：急需帮助——请迅速寻求心理学或精神卫生专业机构或人员进一步诊断和干预。

表13-6　幼童及学龄儿童（2.5～11岁儿童）创伤经验身心症状评估

最近7天以来的问题	没有	有
重复叙述创伤的经验	0	1
明显的焦虑与害怕	0	1
对灾难后特定事件的害怕	0	1
害怕灾难再度发生	0	1
有强迫性的回忆（眼前总是有与灾难场景有关的图像或感受）	0	1
在学校无法专心学习，成绩下降	0	1
日常的行为退化到较小年纪的状态	0	1
遇事退缩、静默不语或异常难管、不听话	0	1
对原来喜欢的活动失去兴趣	0	1
睡眠失调：做噩梦、梦游、不易入睡	0	1
抱怨身体疼痛或查无原因的病痛	0	1
对灾难纪念日、节日的哀悼出现烦乱反应	0	1

评估结果说明：

选择"有"的记录1分，选择"没有"的记录0分，然后计算总分。1～3分：值得关注——注意休息，1周后再次进行评估；4～6分：需要帮助——需要寻求心理学或精神卫生专业机构或人员的援助；7～12分：亟须帮助——请迅速寻求心理学或精神卫生专业机构或人员进一步诊断和干预。

表 13-7　青少年（11～18岁）创伤经验身心症状评估

最近7天以来的问题	没有	有
灾难引发失控行为，如从事危险行动（拼命进入灾区抢救生还者）	0	1
努力不表露出异样情绪，如哀痛、罪恶感、羞愧等	0	1
为避免面对内在伤痛，因而逃避，从事需要肢体行动的活动	0	1
容易发生意外		
睡眠与饮食失调	0	1
发现自己对灾难的影像与记忆挥之不去，并烦恼不已	0	1
产生忧郁、退缩及消极的世界观	0	1
个性改变，与父母或亲人的相处方式改变	0	1
为逃避因灾难产生的创痛与记忆，从事类似成人的行为（如结婚、怀孕、退学，切断与旧友之间的关系）	0	1
害怕长大，需要家人的呵护	0	1

评估结果说明：

选择"有"的记录1分，选择"没有"的记录0分，然后计算总分。1～3分：值得关注——注意休息，1周后再次进行评估；4～6分：需要帮助——需要寻求心理学或精神卫生机构或人员的援助；7～10分：亟须帮助——请迅速寻求心理学或精神卫生专业机构或人员进一步诊断和干预。

特别说明：这部分工具只是对不同年龄阶段儿童经历灾难后的身心症状的简单评估，并不能作为诊断结果使用。

七 儿童青少年筛查问卷——儿童事件影响量表修订版（CRIES）

以下是一些人经历过不幸事件后会感受到的困难。请仔细阅读每一项目，按自己过去2周的真实感受回答，并在相应的数字上画"√"。回答没有对错之分，请依据实际情况作答（表13-8）。

其中："0"表示完全没有，"1"表示很少有，"3"表示有时有，"5"表示常常有。

表 13-8 儿童事件影响量表修订版（CRIES）

在过去的2周中	完全没有	很少	有时	常常
1. 你会无意中想起那件事吗？	0	1	3	5
2. 你会尝试忘记那件事吗？	0	1	3	5
3. 你不能集中注意力吗？	0	1	3	5
4. 你会不断地对那件事有强烈的感觉吗？	0	1	3	5
5. 与发生那件事之前相比，你会更容易受到惊吓或感到紧张吗？	0	1	3	5
6. 你会避开一些令你想起那件事的东西吗？（如某些地方或场合）	0	1	3	5
7. 你会尝试不去谈论那件事吗？	0	1	3	5
8. 那件事的画面会在你的脑海中出现吗？	0	1	3	5
9. 其他东西会不断地令你想起那件事吗？	0	1	3	5
10. 你会尝试不去想那件事吗？	0	1	3	5
11. 你会容易感到烦躁吗？	0	1	3	5
12. 就算是没有必要，你仍然会保持警觉性吗？	0	1	3	5
13. 你睡觉有问题吗？	0	1	3	5

注：以下提到的"那件事"是指灾难的有关经历。

适应年龄

学龄期（年龄 8 岁以上，可独立阅读）。包含 13 个条目，每一个条目用"完全没有、很少、有时、经常"作答，对应 0、1、3、5 计分。总分反映了 PTSD 的严重程度，范围为 0~65 分，划界分为 30 分。

八 儿童青少年筛查问卷——儿童抑郁障碍自评量表（DSRSC）

为了更好地帮助你，以下问题主要是为了了解你最近 1 周的感觉，答案没有正确或错误之分，你只需要根据自己的真实感受如实回答就可以了，请在符合你情况的那一格画"●"。回答没有对错之分，请依据您的实际情况作答（表 13-9）。

表13-9 儿童抑郁障碍自评量表

最近7天以来的问题	经常	有时	无
1. 我像平时一样盼望着许多美好的事物。	○	○	○
2. 我睡得很香。	○	○	○
3. 我感到我总是想哭。	○	○	○
4. 我喜欢出去玩。	○	○	○
5. 我想离家出走。	○	○	○
6. 我肚子痛。	○	○	○
7. 我精力充沛。	○	○	○
8. 我吃东西很香。	○	○	○
9. 我对自己有信心。	○	○	○
10. 我觉得生活没什么意思。	○	○	○
11. 我认为我所做的事都是令人满意的。	○	○	○
12. 我像平常那样喜欢各种事物。	○	○	○
13. 我喜欢与家里人一起交谈。	○	○	○
14. 我做噩梦。	○	○	○
15. 我感到非常孤单。	○	○	○
16. 遇到高兴的事我很容易高兴起来。	○	○	○
17. 我感到十分悲哀,不能忍受。	○	○	○
18. 我感到非常烦恼。	○	○	○

适用年龄

8～13岁的儿童(有研究者认为可适用于8～16岁),量表共有18个项目,按无(0)、有时(1)、经常(2)三级评分。其中第1、2、4、7、8、9、11、12、13、16项为反向记分,即没有(2)、有时有(1)、经常有(0),在统计时将其转换成0、1、2记分,再将各项目分相加即为量表总分。15分作为划界分,得分高表示存在抑郁情绪,分数越高表示抑郁情绪越重。

九 儿童青少年筛查量表——儿童焦虑性情绪障碍筛查量表（The Screen for Child Anxiety Related Emotional Disorders, SCARED）

请根据自己过去3个月的真实情况回答以下条目，并在相应的数字上画"√"。其中，"0"表示没有或几乎没有，"1"表示部分存在，"2"表示有或经常有。回答没有对错之分，请依据您的实际情况作答（表13-10）。

表13-10 儿童焦虑性情绪障碍筛查量表（SCARED）

1. 当害怕时会感到呼吸困难	0	1	2
2. 在学校里感到头疼	0	1	2
3. 不喜欢与自己不太熟悉的人在一起	0	1	2
4. 不敢在外面过夜	0	1	2
5. 害怕喜欢自己的人	0	1	2
6. 受惊吓时有一种昏厥感	0	1	2
7. 易紧张	0	1	2
8. 爸爸妈妈走到哪儿会跟到哪儿	0	1	2
9. 别人说我看上去紧张	0	1	2
10. 与自己不太熟悉的人在一起感到紧张	0	1	2
11. 在学校里胃疼	0	1	2
12. 受惊吓时觉得自己要发疯	0	1	2
13. 害怕独自睡觉	0	1	2
14. 为成为一个好孩子而担心	0	1	2
15. 受惊吓时觉得周围事物不真实	0	1	2
16. 做关于父母碰到不幸的噩梦	0	1	2
17. 担心去上学	0	1	2
18. 受惊吓时心跳厉害	0	1	2

续表

19．经常发抖	0	1	2
20．做关于自己碰到不幸的噩梦	0	1	2
21．担心某些事情会使自己筋疲力尽	0	1	2
22．受惊吓时大汗淋漓	0	1	2
23．是个"担心虫"	0	1	2
24．无缘无故地害怕	0	1	2
25．害怕自己单独待在家里	0	1	2
26．很难与自己不太熟悉的人交谈	0	1	2
27．害怕时会有喉咙塞住感	0	1	2
28．别人说我担心太多	0	1	2
29．不喜欢离开家	0	1	2
30．害怕出现焦虑或惊恐发作	0	1	2
31．担心不幸的事情会发生在父母身上	0	1	2
32．与不太熟悉的人在一起会感到害羞	0	1	2
33．对即将发生的事情担心	0	1	2
34．受惊吓时有一种被上抛的感觉	0	1	2
35．对自己做事的能力担心	0	1	2
36．害怕上学	0	1	2
37．对已经发生的事情担心	0	1	2
38．受惊吓时觉得头晕目眩	0	1	2
39．跟别的儿童或成人在一起时感到紧张，当他们看我时我必须做点什么（如大声朗读、讲话、游戏或体育活动）	0	1	2
40．对参加有许多不熟悉的人在场的聚会、舞会或其他场合感到紧张	0	1	2
41．害羞	0	1	2

适用年龄

9～18岁。量表共包括41个条目，每个条目按0～2三级评分，0为"没有"，1为"有时有"，2为"经常有"。总分≥23分代表存在焦虑情绪，得分越高表示焦虑表现越严重。该量表已建立全国常模。

参考文献

[1] Myer R A, Conte C. Assessment for crisis intervention. J Clin Psychol, 2006, 62 (8): 959-970.

[2] 汪向东, 王希林, 马弘. 心理卫生评定量表手册 (增订版). 北京: 中国心理卫生杂志社, 1999.

第14章　工具包7：因灾受伤人员心理支持

第一节　因灾受伤人员的发现和转移过程中的心理支持

因灾受伤人员指在各类灾害中躯体受伤的人群，包括已经或尚未接受医疗处理的受灾人群。躯体受伤情况包括截肢、截瘫、脑外伤、复合伤等各种躯体受到损害的情形。伤员在灾害中的角色包括受灾者、救援者、志愿者、指挥救灾者等，部分有多重角色。

伤员心理支持包括伤员的发现、转移、医疗过程（包括门诊、住院、出院、转诊）中的心理评估和心理支持、危机干预工作。

一　因灾受伤人员发现过程中的心理支持

灾难发生后，由于交通和通信的限制，伤员受伤情况和分布信息可能存在不及时、不准确的情形。因此，需要灵活运用各种方式及时发现和安全转移各类伤员。

1. **伤员心理危机干预队的组成**　伤员因涉及躯体急救、转运、后续医疗等工作，心理危机干预队应作为多学科医疗援助团队的组成部分之一，与医疗救援队一起工作（详见第8章第二节"医疗队的组建"）。

2. **伤员的发现**　直接从当地指挥部或从指挥部指定的伤员服务机构获取信息。根据灾后伤员比较分散的特征，要求尽量利用各种途径了解伤员服务组织和团体的分布及其他信息。

（1）综合医院：当地综合医院或者接受伤员转移的外地综合医院等。

（2）精神卫生机构：当地精神卫生机构或者接受伤员转移的外地精神卫生机构等。

（3）军队：军队是灾难救援中的主要中坚力量，也是最有可能第一时间发现伤员的。因此要了解救援军队以及医疗队的分布，并建立联系。

（4）其他救援团体：各省市的救援队、国际救援队等。

（5）志愿者队伍：民间志愿者队伍、政府组织的志愿者队伍等。

（6）学校：学校是伤员相对比较集中的地方，因此在灾难发生的第一时间尽可能在学校设立心理援助点，便于在发现、转移、躯体救治伤员过程中进行心理支持。

（7）安置点：安置了受伤较轻处理后不需要入院的伤员，以及不能及时转移的伤员。

（8）其他：分散在各个受灾地区或救助机构的人员。

【注意事项】

（1）要求心理危机干预队人员了解心肺复苏等急救技术。

（2）要求了解当地文化中相关习俗和禁忌。

（3）发现伤员的过程中注意自身的安全和心理保健。

二 因灾受伤人员转移过程中的心理支持

发现伤员后，在医疗急救队伍处理后，配合医疗队伍进行伤员的转移工作。如果没有医疗队伍，不能在不懂急救和医疗常识下匆忙转移伤员。

1．配合医疗人员，进行伤员的转移和陪护工作。

2．帮助伤员准备保暖、食物、水等生活物资。

3．转移过程中提供情感支持。

4．初步快速心理评估，但不能使用问卷。

5．做好有可能继续转诊的物品和心理准备。

三 转移受伤人员过程中相关人员的心理支持

转移过程中的相关人员是指受伤人员的亲属及相关工作人员。在受伤人员的转移过程中，要持续对其亲属提供伤者的相关情况，密切观察他们的反应，并进行心理支持。同时，教育他们科学照料伤者，适应变化，提高自身的应对技能。

在转移过程中还应当关注相关工作人员自身的心理状况，并及时提供心理援助。

【注意事项】

（1）熟悉躯体受伤伤员的转移注意事项，避免造成二次躯体伤害。

（2）尽可能安排会说当地语言的心理工作者陪护。

（3）对于有丧亲的伤员注意不要主动提及家人伤亡情况。

（4）不要让病人主动回忆灾难中他看到或发生了什么。

（5）及时和医疗救援队的主管医护人员沟通，询问有哪些注意事项。

（6）在陪护中及时发现伤员是否有急性应激障碍以及高风险行为的表现。

（7）对于儿童伤员在转移过程中尽可能安排亲近的人陪同，可以应用类似"喜羊羊"等符合其认知特点的卡通图片分散其注意力。

第二节　医院床旁心理支持

根据灾难的严重程度和后续风险、受灾地区的医疗设施受损情况和技术水平、伤员受伤的严重程度等因素评估，部分伤员需要转移到灾区外的医院进行治疗，既可能在本省市接受治疗，也可能转移到外省市医疗机构进行救治。

一、转移到本省市医院（或帐篷医院）

对于在本省市内的医院接受治疗的伤员，应尽可能安排懂伤员语言的志愿者陪护和提供符合其习惯的饮食。如有可能，可以安排其亲属陪护。

1．床旁心理危机干预人员构成　尽量利用所在医院当地现有的资源，以精神科医生为主，心理咨询师、精神科护士为辅。如果有少数民族伤员，还需要配懂其语言的心理工作者和志愿者。

2．满足必要的生活需要　在安排生活时要首先着眼于满足眼前生活的需要，并且对日后的生活要有所考虑。

3．安排少量专人持续照料　根据不同情况，可以安排懂伤员语言的志愿者定期轮换交接陪护。

4．社会支持与情感支持　给予心理安抚，不要让灾民反复讲述自己的受灾经历。

5．培训志愿者　主要是识别急性应激障碍、高风险行为以及沟通注意事项（详见工具包1"灾后心理危机干预医疗队的组织管理"第二节"医疗队的组建"）。

6．伤员文化禁忌和风俗等知识的培训。

7．心理评估　尽量不使用量表，在灾害1个月中除一般性的支持性心理治疗外，主要是发现急性应激障碍的患者（见工具包6"灾后心理状况的评估实施"）。

8．发现有急性应激障碍的患者应及时和精神科医生沟通。

9．帮助伤员制订心理康复计划　陪伴和鼓励伤员参与康复治疗及训练，并给予不间断的支持。

10．对媒体和公众进行教育　不宜过分关注和打扰他们的治疗、康复活动以及日常生活，要保护他们的隐私（详见工具包1"灾后心理危机干预医疗队的组织管理"第二节"医疗队的组建"）。

【注意事项】

（1）对志愿者和陪护予以训练和教育，承担照料工作的志愿者要培训合格才能进行。

（2）志愿者的主要工作是对受灾者在生活以及心理的方面给予陪伴、支持和实际帮助。

（3）志愿者不能跟伤员发生金钱以及其他物质方面的往来。

（4）心理危机干预不能过于技术化，注意结合当地文化与风俗。

（5）对伤员的照顾要有限度，不要让其有依赖感，以免在失去支持的时候伤员有强烈的失落感。

（6）对儿童伤员的陪护，提供与儿童年龄相仿的玩具或书籍，尽可能提供机会与同龄儿接触交往。注意儿童心理反应的特殊性，最好由有经验的儿童精神科医生参与照料。对于家长，要进行教育使其及时发现自身问题并及时处理，不要让家长的心理反应影响到儿童心理康复。

（7）做好手术前的心理准备。外科医生告知手术时，应有家属陪伴。如有可能，安排心理支持人员现场陪伴，关注并接纳患者的心理反应，必要时汇报精神科医生处理。

（8）对志愿者要做好心理辅导和减压工作，对心理工作者和志愿者要建立心理支持体系。

二 转移到外省市医院

由于多因素影响，部分伤员被转移到外省市医院进行治疗。很多边远山区的伤员没有离开过本地区，对在外地的医治可能有些生活和心理上的不适应，所以应尽可能地提供符合其习惯的饮食。如有可能，可以安排能说伤员当地方言的志愿者陪护。

（1）多学科床旁心理危机干预人员构成：尽量利用当地医院所在地现有的资源，以精神科医生为主，心理咨询师、精神科护士为辅。如果有少数民族、文化程度偏低难以沟通的伤员，还需要配备懂其语言的志愿者和文化工作者。

（2）满足符合其习惯的基本生活需要：在安排生活时要首先着眼于满足眼前生活的需要，并且对日后的生活要有所考虑；同时尽可能提供符合其习惯的饮食，病房可以提供伤员熟悉的本土生活用具和环境。比如玉树藏族伤员在成都治疗时，病房会尊重他们的要求，同意贴佛像和六字真言的图片等。

（3）安排懂伤员语言的志愿者陪护。

（4）了解伤员本土文化习俗和禁忌：比如玉树地震的伤员大多有宗教信仰，其中部分伤员有家人在地震中死亡。他们认为在死者轮回期间家人不能流泪，因此在对伤员心理干预过程中采用哀伤技术时要注意不能过于暴露创伤，避免难以控制的流泪哭泣。

（5）社会支持与情感支持：不要让灾民反复讲述自己的受灾经历，可结合伤员本土文化习俗，提供情感支持。

（6）培训志愿者：主要是识别急性应激障碍以及文化、习俗和沟通禁忌等。

（7）心理评估：尽量不使用量表，在灾害1个月中除一般性的支持性心理治疗外，主要是发现急性应激障碍和有高风险行为的患者。

（8）发现有急性应激障碍和高风险行为的患者时应及时与精神科医生沟通。

（9）帮助伤员制订心理康复计划：鼓励和陪伴伤员参与康复治疗及训练，并给予不间断的支持。

（10）对媒体和公众进行教育：不要过分关注和打扰他们的治疗和康复活动以及日常生活，保护他们的隐私。

【注意事项】

（1）转移到外省医治的伤员心理危机干预，第一前提是必须尊重伤员的文化习俗和生活、饮食习惯等。

（2）陪伴的照料者和志愿者必须是能和伤员进行沟通的人（包括语言，如需要时能使用少数民族语言）。

三 离院心理危机干预

内容参考前"转移到本省市医院"中的第3—8条。对于经过一定的医治和心理支持、干预后可以回到当地进行继续系统治疗和康复的伤员，在离院时提供的心理支持应注意以下事项：

1. 对于在外省医治的伤员，在伤员即将离院回到本省前，心理危机援助人员在评估伤员的心理健康状况后，应向主管医生告知伤员离院前的心理状况以及相应的建议。对于需要继续提供心理支持的伤员，应联系好当地的心理卫生机构，或留下自己的联系方式，伤员有需要时可以获得帮助。

2. 对于在外省医治的伤员，在伤员回到本省前，协助医院和政府部门提供必要的物品，比如必要的衣服和食物等，以减轻伤员的心理压力。

3．在本省医治的伤员离院后，如有可能应继续跟踪回访。

4．在伤员离院前做好心理干预人员与伤员的分离处理，包括告知离院时间、双方对彼此的感受、期待，表达感谢，并倾诉对对方的感情。做好后续的安排，尤其是后续心理支持的交接安排以及以后的相互联系方式留存等，让伤员对后续心理支持有清晰的了解。

5．最好能协助联系伤员家庭所在地的当地政府以及志愿者组织继续跟进情况。

第三节　常用心理支持技术简介

心理支持技术是指通过心理支持来减轻灾难对伤员造成的心理伤害的技术和方法，可以通过个别或者团体的形式进行，遵循自愿参加原则。在开展心理支持或干预时，应注意语言和沟通方式，避免对伤员造成二次心理伤害。开展团体心理支持时，应按不同的人群分组进行，如儿童组、老年组等。

一　常用心理支持工作要点

1．了解灾难后的心理反应　了解灾难给人带来的应激反应表现和灾难事件对自己的影响程度。引导重点人群说出在灾难中的感受、恐惧或经验，帮助重点人群明白这些感受都是正常的。

2．建立家庭康复支持系统　干预一开始就要使整个家庭参与进来，切实地督促实施康复训练计划，并尽最大可能地提供无障碍的生活和学习环境。

3．寻求社会支持网络　寻找有利于康复的积极资源，明确自己能够从哪里得到相应的帮助，包括家人、朋友、社区及政府等；鼓励尽早回到原学习和工作的环境；开展小组互助和团体辅导工作。

4．主动关心他人能力的培养　帮助他们接受关心自己的人的情感支持，帮助因灾致残的人员积极应对，重点帮助其在认识自己的身体与他人不同的同时，也认识到自己有更多的地方与其他人相同。预防抑郁和低自尊等问题的发生、促进伤员自我康复能力提高，增强社会认同感；建立与医疗人员的合作，杜绝被动-攻击行为和抵制行为。

5．学习积极的灾难应对方式　帮助重点人群思考选择积极的应对方式强化个人的应对能力；思考采用消极的应对方式会带来的不良后果；鼓励重点人群有目的地选择有效的应对策略；提高个人的控制感和适应能力。

6．建立积极的生活目标　根据患者的性别、年龄、生活背景、致残程度等为其树立合适的榜样。

7．给儿童做心理辅导时，形式可以更灵活，让儿童多画画、捏橡皮泥、讲故事或写字。

8．当伤员处于否定和抑郁阶段时，可采取倾听、解释、指导、保证等方式，对伤员的痛苦和困难给予高度共情，给予他们关心和尊重。

9．要注意处理创伤后的应激反应和可能出现的PTSD、抑郁或自杀等严重问题，及时寻求专业人员的帮助。

二 常用基本心理支持技术

对入院的伤员比较适合采用"稳定情绪""放松训练"开展心理危机救助（具体干预技术见工具包3"灾后大众心理危机干预技术"）。

1．稳定情绪技术要点

（1）倾听与理解。

（2）增强安全感：提供伤员熟悉的病房环境，尽量较少在媒体中曝光。

（3）适度的情绪释放：适当释放情绪，恢复心理平静，不能主动过度暴露创伤经历。

（4）尽量满足符合伤员生活习惯的环境和物品。

（5）寻找伤员自身的其他积极康复因素。

（6）重建支持系统。

（7）提供心理健康教育：提供灾难后常见心理问题的识别与应对知识，帮助伤员积极应对，恢复正常生活。

（8）联系其他服务部门。

2．放松训练要点　注意伤员主要是躯体受伤，进行放松训练是要考虑其受伤的肢体，避免给伤员造成伤害，同时在想象放松时注意结合伤员的文化和认知特征。放松训练包括呼吸放松、肌肉放松和想象放松。分离反应明显者不适合学习放松技术（分离反应表现为对过去的记忆、对身份的觉察、即刻的感觉乃至身体运动控制之间的正常整合出现部分或完全丧失）。

3．为肢体残疾人员提供心理支持的注意事项

（1）目光：见面时不要显示出奇怪或好奇的样子，不能把目光停留在残疾部位，也不要用同情的眼神看着他们，尽量用正常的目光看待他们。

（2）用语：和肢体残疾的人员谈话时，除了要特别注意回避与其生理缺陷有关的词语外，谈话的内容还要宽泛一些，不要仅仅涉及残疾的事情。

（3）协助：当看到其活动不方便时，一定要征得他们的同意后再进行具体的帮助。

第15章　工具包8：灾后儿童青少年的心理支持

> 儿童青少年更易受到灾难影响。灾难不仅仅破坏了儿童青少年所熟悉的物理环境与人际环境，也破坏了其原本有序的生活节奏与规律。儿童青少年处于心理与身体的发育过程中，其生物、认知、情感与社会发展还没有完成，任何重大的环境与心理灾难事件都有可能破坏或阻滞其心理与身体整体或个别方面的发育与发展，有些甚至会产生终生的影响。灾后部分儿童在道德和良知形成发展中出现混乱，同伴、学校、社区、家庭等功能受损，对未来的应变能力减弱。远期来看不仅影响儿童及其家庭，还会渗透并改变文化期望值以及下一代的社会生态环境。
>
> 因此，社区、学校与家庭应该联合起来，共同帮助儿童青少年尽早恢复正常的学习、社交、生活和游戏等常规活动，促进心理康复。

第一节　总体原则

儿童青少年心理危机干预的总体原则为：

1. 灾难发生后，应该尽可能先保证儿童青少年身体和环境的安全，预防潜在危害，并优先满足食宿等基本需要。

2. 尽量由家人或其他熟悉的人照料，尽早为儿童青少年提供熟悉的生活环境。

3. 儿童青少年需要得到情感支持和恰当的信息，要鼓励儿童青少年以他们习惯的方式表达他们的经历、想法及情感体验。

4. 受灾成人的反应也会影响儿童青少年，需要及时调整，给后者积极的影响。

5．成人应该充分考虑儿童青少年对媒体报道的不同反应，并给予适当引导。

6．受灾儿童青少年的心理反应如持续存在，且程度严重干扰生活、学习与社会功能，需要及时接受专业心理卫生工作者的干预。

第二节　儿童青少年的心理评估

及时、有效地对灾难事件的不良影响、儿童青少年创伤暴露、丧失、灾后心理生理反应、既往生活事件进行评估，可以为制订儿童青少年心理卫生干预计划，促进其适应性调整，帮助儿童青少年维持正常生理心理发育过程提供有力支持。

 儿童青少年心理评估的主要内容及方式

（一）评估的主要内容

1．儿童青少年创伤暴露、丧失　如灾难发生时身在何处，经历了什么情景，周围的人发生了什么事，有无经历生命威胁、受伤或目睹惨烈的伤害，媒体暴露情况，以及有无家人或其他照料者分离、亲人或密友受伤或去世、房屋及其他经济损失、学校及社区损失。

2．儿童青少年灾后心理反应　包括创伤应激症状，抑郁、焦虑和悲伤反应等情绪与心理反应，学习困难、对学校失去兴趣，自我效能感和自尊受损，自我照料能力降低，人际交往，以及其他行为问题。

3．儿童青少年灾后常见危险因素的评估　包括自身内在特征：性别、年龄、神经系统成熟度、对焦虑的敏感、亲子关系及其他支持系统、先前的创伤和丧失经历史、应对机制、灾难前的经历；外在环境：创伤后的压力和环境、先前和现在的家庭瓦解、被迫中断的亲子沟通、父母物质滥用、照料者的心理痛苦、应对能力和功能受损、照料者的生理残疾和病症、灾后生态环境中遍布的对创伤和丧失的提示物。

4．灾难对儿童青少年其他影响的评估　灾难对儿童青少年的影响范围广泛，除了常见的负性心理反应外，还可能出现对创伤和丧失唤起的受挫反应、道德发育和意识功能受损、创伤期待与适应不良的认识、未来定位、职业规划、家庭生活计划、对政府的信任和社交接触等方面的变化。

（二）评估的主要方式

1．评估主要采用直接与儿童青少年交谈、做游戏、观察并结合从父母等照料者处收集的信息以及量表评估等方法进行。

2．0～6岁表达欠佳的儿童，可以借助游戏、绘画或讲故事等形式进行评估。

3．6～12岁儿童，应结合其认知发展阶段采用投射性游戏的方法如绘画、讲故事等形式或直接进行量表问卷评估和个别访谈。

4．12～18岁青少年，可在学校分班级并结合团体心理干预直接进行量表问卷评估和个别访谈。

5．对儿童青少年行为的评估应尽可能包括成年人对其行为的评定，如由父母、老师完成的行为量表。

6．对一些不愿表达或有明显创伤经历的儿童，可以采用投射性游戏的方法如绘画、讲故事等形式进行评估。

7．对利用团体晤谈或游戏等方式发现异常或反应较大的儿童青少年，可做进一步深入评估与诊断。

【注意事项】

（1）对易感儿童青少年的筛查评估务必首先以建立安全、信任的关系为第一任务，需注意筛查过程可能会诱发儿童青少年的情感痛苦，因此，需要由专业人员根据儿童青少年的年龄阶段来制订、选用恰当内容与提问方式的量表、评估问卷与交谈，需先让儿童青少年的照料者知晓与同意，与儿童做游戏、谈话或提供儿童所需要的帮助。

（2）评估儿童青少年的心理状况时应注意需要来自知情人提供的信息。一般来说，成人是儿童青少年行为可靠的观察者，但有低估儿童青少年内部创伤的倾向。

（3）评估儿童青少年的心理状况时应包括社会和行为功能的问题，对儿童青少年的行为评估应尽可能包括成年人对其行为的评定，如由父母、老师完成的行为量表。

（4）父母（儿童青少年的主要照料者）的调整状况，尤其母亲的反应是孩子心理健康转归的重要预测指标，因此，应同时评定儿童的主要照料者的精神状态。

（5）评估过程中如出现明显的情绪反应，应终止评估，适当干预。

（6）一旦筛查有异常反应，应告知照料者。最好先转介给儿童精神科医生明确诊断，对易感儿童的心理问题需定期随访、评估与诊断。

（7）本工具包仅用于灾后救援工作。如用于科研，需申请伦理审查。

（8）本工具包所选量表都经过实践应用，使用量表前必须经过专业培训，筛查和诊断量表应该分开排版。

二 常用儿童青少年心理评估量表

常用儿童青少年心理评估量表见工具包6第二节"常用心理状况评估工具"六［儿童创伤经验身心症状评估（家长用）］、七［儿童事件影响量表修订版（CRIES）］、八［儿童抑郁障碍自评量表（DSRSC）］、九［儿童焦虑性情绪障碍筛查量表（SCARED）］

第三节　儿童青少年特殊心理问题处理

创伤性丧失及其伴随的居丧和悲恸是灾难幸存者需要面对的特殊挑战，儿童青少年也不例外，部分儿童青少年在灾难中丧失了至亲、密友和健康的身体，将面临重大的生活改变，常常引发特殊的心理问题。

一、灾难中致残的儿童青少年

灾难中致残儿童青少年属于心理干预的第一级人群，是干预工作的重点对象。除积极帮助儿童青少年进行康复训练、安装义肢并尽量保证生活质量外，可从以下三个方面开展心理危机干预工作：

1．针对家长的心理辅导　评估家长的应激反应和养育压力状况，及时发现并纠正家长的不良情绪和认知。

帮助家长接受事实，鼓励家长对孩子的状况持实事求是、积极、资源取向的态度，积极地配合执行康复计划。

2．针对因灾致残儿童青少年的心理辅导　对于因灾致残的儿童青少年，应首先帮助其积极应对残疾带来的躯体不适、生活不便、残疾引起的低自尊以及过分担心等问题，以提高社会适应。如儿童出现明显的创伤后应激反应或PTSD、抑郁、自杀等严重精神科问题，应建议及时找相关医院和专业人员治疗。

3．帮助建立支持系统　心理干预工作者要帮助因灾致残的儿童青少年与主要的支持者或其他支持来源（包括家庭成员、朋友、学校、社区的帮助资源等）建立联系，获得帮助。

二、因灾难导致目前分离，现在已经是或将来可能是孤儿

灾难丧亲的儿童青少年同样属于心理干预的第一级人群，是干预工作的重点对象。

1．目前儿童青少年仍无家人的信息

（1）尽早尽快落实父母或其他近亲属的情况，但不要向儿童青少年预测或预报他们可能遇难的信息。

（2）实事求是（不回避问题）但又合情合理（不毁灭希望）地回答儿童青少年可能的相关提问。

（3）采用与儿童青少年年龄相适应的语言（包括身体、表情、姿势），

使表达能够让儿童青少年理解。

2．如何向儿童青少年传达父母或近亲属遇难的坏消息

（1）确保传递的信息是准确无误的。

（2）传达坏消息前应当做好环境（在哪里传达）、心理（以怎样的情绪传达）与问题（可能遇到的问题以及对应策略）等方面的准备。

（3）既要坚定地传递事实，又要及时传递支持与希望。

（4）在传递坏消息时务必时刻注意对儿童青少年的情绪反应给予恰当的支持与抚慰。

（5）传递坏消息前后有必要对儿童青少年的长期照护者给予支持与辅导，让其充分了解儿童青少年可能在随后几天内甚至更长时间可能会出现的问题与对策。

3．帮助儿童青少年哀悼　指导灾难丧亲的儿童青少年进行空椅子联系，想象其失去的所爱之人坐在椅子上，并对其表达心中所想，以及以前未能表达的想法。

指导灾难丧亲的儿童青少年参加葬礼，或去失去的所爱之人的坟墓前，与死者谈话，表达情感。

帮助灾难丧亲的儿童青少年利用特殊纪念日和仪式纪念死者。

4．帮助儿童青少年自我调节　指导灾难丧亲的儿童青少年制订行为应对计划，尽早开始社会交往，寻求社会支持，利用心理援助服务，回归正常生活。

指导灾难丧亲的儿童青少年利用角色扮演等方式增强自信心。

指导灾难丧亲的儿童青少年识别负性自动思维和不良自我暗示，发展积极处理丧失的心态。

5．收养的相关问题　收养过程需充分尊重丧亲的儿童青少年的需要、选择与意愿，而且丧亲的儿童青少年有选择继续与否的权利，有关政府部门需评估收养家庭的照顾能力。

收养家庭应符合以下条件：双亲，有时间陪伴与辅导，热心，照料者人格完善，有稳定工作，家庭气氛融洽，家庭不存在虐待与性侵犯的危险因素，如有比被收养女学生大几岁的男性青少年等。

6．注意事项

（1）在日常生活中体现以儿童为中心和对儿童需要敏感，营造环境友好型的社区氛围。

（2）合理有节地对待儿童青少年暂时出现的情绪与行为问题。

（3）定期随访儿童青少年的心理状况。

三 因灾难转移到外地的儿童青少年

1．尽快建立与家长或亲属的联系方式，保证儿童青少年能及时和家长或亲属沟通，提供情感支持，有条件的可定期来探望。

2．尽量减少媒体与其他公众宣传活动的暴露，必要时需经过照料者或临时照料者的同意和儿童青少年本人的知晓与同意，且次数不宜多。

3．尽量提供安静、正常化的生活与学习环境，制订长期生活计划，帮助受灾儿童青少年接受现实，有安定感。

4．对不愿离开家乡的儿童青少年需查明原因，解决现实问题，必要时可结合心理辅导帮助其适应新环境。

5．通过提供儿童青少年所熟悉的食物、物品、活动等，学校与社会尽量创造条件恢复他们所熟悉的生活与学习环境。

6．对因伤病在医院而暂时不能复学的儿童青少年，可由政府指定对口帮助的学校接纳他为该校学生，让其有归属感、正常化感与支持，有学习能力的可提供定期上门辅导学习。

7．复学后，当地需定期请儿童青少年精神科医生进行心理评估，组织心理咨询与治疗专家提供心理康复与帮助。对应激反应较重者，要及时采取相应的医疗措施。

8．对同时伴有丧亲经历的儿童青少年处理见上一小节。

第四节 儿童青少年常用心理干预技术

一 不同年龄阶段儿童青少年的心理干预特点

1. 0~6岁学龄前儿童 提供足够的玩具道具，给予身体接触与拥抱，3岁以上者可采用绘画治疗或游戏治疗。

2. 6~12岁 利用班级墙报、班级团体讨论、绘画和接龙编故事及脑力震荡等方式发展应对方式。

3. 12~18岁 可采取的方式有同伴间讨论、主题班会讨论、艺术表达疗法及认知行为治疗等。

二 常用儿童青少年心理干预治疗流派及技术简介

（一）游戏治疗

游戏治疗是指透过游戏来协助儿童（一般是3~11岁）表达他们的感受和困难，如恐惧、憎恶、孤独、失败感和自责等，从而达到治疗效果。事实上，游戏是儿童表达自我最自然的方式，如同成年人通过"说话"来表达一样。

游戏治疗主要是基于心理分析学派的理论发展而成的。儿童通过游戏将内在的焦虑外显化，并透过与游戏治疗师的互动，从而增加对自我行为和情绪的认识，并促进个人发展，加强自我面对困难时的信心和能力。

游戏治疗的基本原则为：

1. 治疗师必须营造温暖、友善的氛围，并尽快与儿童建立良好、和谐一致的关系。

2. 治疗师要接受儿童就是他本身。

3. 治疗师要在关系上提供宽容的感觉，好让儿童能够完全地表达自己的感受。

4．治疗师必须警觉儿童所表达的情绪，并能做出回应，让儿童更加明白他的行为。

5．治疗师要深信只要提供合适的机会，儿童就有解决自己困难的能力。儿童有责任去做决定和改变。

6．治疗师要跟随儿童的步伐，而非尝试以任何形式指导儿童的行动或对话。

7．治疗师不用催促治疗的过程，游戏治疗的过程是循序渐进的。

8．治疗师不要轻易设限，只在儿童需要学习在关系上负上应有责任或面对现实环境的需要时才设下限制。

（二）儿童叙事治疗

儿童叙事治疗是指运用叙事方式解决儿童及其家庭所面临的问题。"叙事"激发出儿童自身的创造性解决方式，并将其置于关注的焦点。对儿童与其家人进行叙事治疗时，运用游戏式对话，利用美术材料、玩具屋、玩偶、沙盘和袖珍人物架等，将游戏治疗与艺术表达方式应用在各种语言或非语言的交流中。这些方法有助于儿童的表达，并增加了在叙事治疗中实行游戏式交流的可能性。

（三）艺术治疗

艺术治疗主要是通过绘画、雕塑等艺术手段为来访者进行治疗。艺术创作的练习无论对成人还是儿童都是适宜的，例如，画出期望和目标，雕塑自己的压力，制作拼贴自画像和个人标识等。治疗师通过各种艺术方法与来访者沟通，可以深入探索他们的心灵世界。来访者可以透过自己的作品表达内心的感触、向往，或需要宣泄的压力、孤寂等，从而使症状有所减轻。艺术治疗方式涵盖多种艺术材料和艺术方法，如壁画、拼贴画、雕塑和线描等。治疗者可以利用日常物品设计出治疗方案，方便使用。

（四）空椅子技术

空椅技术是行为治疗里非常精彩的一个技术，在哀伤辅导中有很广泛的应用。比如亲人或者朋友由于某种原因离开自己或者去世，儿童青少年因为他们的离去感到特别悲伤、痛苦，甚至悲痛欲绝，却无法找到合适的途径进行排遣时可以应用。

这种形式一般只需要一张椅子。把这张椅子放在来访者的面前，假定某人坐在这张椅子上。来访者把自己想要对他说却没来得及说的话表达出来，从而使内心趋于平和。

哀伤辅导中空椅技术的操作步骤为：

1．说明原理　你的亲人由于灾难而离开自己或者去世，你因为他们的离去感到特别悲伤、痛苦，甚至悲痛欲绝，却无法找到合适的途径进行排遣。我们现在要用一种方法帮助你，让你感受自己的内心，表达和宣泄情感。我们会用一把椅子代表你失去的亲人。你坐在那把椅子对面和他对话，直到你把心里话全部说完为止。你愿意试试吗？

2．选择椅子　最好是相同的两把椅子。由来访者选择自己的椅子，并决定空椅子的位置和两把椅子之间的距离。

3．开始放松、想象　请来访者闭上眼睛，在椅子里保持舒服的坐姿，注意自己的呼吸，慢慢、深深地吸气，缓缓地呼气，全身放松，在心里面想象要对失去亲友所说的话，当你想好了，就可以说话了。

4．开始对空椅子讲话　此时咨询师需要记录他说的，用余光去看来访者，不要和他有任何交流，以免影响他。

5．结束后交流，做一些讨论　注意不需要和来访者谈他刚才所表达的每一条，可以跟他这样说：你刚刚经过这样的一个过程，有什么想法吗？有什么感受吗？有什么想说的吗？这个空椅技术整个过程就全部结束了（我们要相信来访者有充分的内加工能力）。

第五节　儿童照料必备技能培训

儿童处在身体与心理快速成长与发育的关键阶段，其身体的生长发育和心理的发展过程在各类自然与人为灾难中很容易受到破坏。因此，灾后更需要关注儿童的反应，及时地保护儿童。照料者在儿童的安全感中扮演着重要角色，照料者的心理状况对于儿童的心理健康转归有重要预测作用。要提供给儿童更有效的照料，照料者需要接受相关培训，了解一些必备的技能，同时还能帮助照料者更好地自我照料，维护自身的心理健康。

一 灾后儿童照料必备技能的培训实施

1．目标　灾后帮助照料者更好地照料受灾儿童，促进受灾儿童适应性调整，维持正常发育过程，防止儿童出现心理和行为功能发育等方面的问题。

2．目标群体　受灾儿童照料者。

3．实施地点　学校、社区、社区精神卫生服务站及临时安置点等其他场所。

4．实施人员　社区精神卫生工作者、受过培训的老师、学校咨询员、社工和志愿者等。

5．内容　通过举行讲座、印发资料和访谈等方式，培训儿童受灾后常见心理反应、积极的应对技巧、如何寻求支持、如何提供支持、儿童灾后常见的心理卫生问题的心理学处置，以及如何识别儿童PTSD、抑郁、焦虑反应，行为、功能及发育等需要专业评估的症状表现，以及照料者本身灾后心理反应的自我识别。

6．模式　团体干预、培训讲座、家长会、组织网络信息材料。

二 灾后儿童照料必备技能的培训内容

（一）识别儿童受灾后常见心理生理反应

见工具包4"灾后大众心理健康教育"。

（二）儿童灾后常见的心理卫生问题的处置

1．重建儿童的安全感　灾难发生后，尽早保证儿童身体和环境的安全，预防潜在危害内容包括：儿童的照料者如何陪伴、倾听、有效交流策略，以及儿童的照料者了解儿童的心理需求与心理反应。

2．帮助儿童重获对生活的控制感　帮助儿童重建熟悉的生活环境，尽早回到常规状态。

3．帮助儿童积极应对和处理情绪　鼓励他们发展应对和解决问题的能力,以及与年龄相适应的表达、处理情绪的方法。

(三)识别在灾害中容易造成心理伤害的高危因素

在灾难中经历生命威胁、受伤、目睹惨烈的伤害的儿童;以往遭受过灾难或创伤事件的儿童;女童;患躯体疾病、残疾的儿童,包括智力障碍儿童;或者以前曾经有过情绪、行为问题的儿童;有精神疾病家族史的儿童;与家人或其他照料者分离、亲人或密友受伤或去世、先前和现在的家庭瓦解、亲子沟通被迫中断、父母存在物质滥用、照料者存在心理痛苦、应对能力和功能受损、照料者具有生理残疾或疾病、灾后生态环境中遍布对创伤和丧失的提示物等。

(四)儿童照料者的自我照料

1. 儿童照料者灾后常见心理反应自我识别(见工具包4"灾后大众心理健康教育")

2. 儿童照料者的自我照料技巧

(1) 躯体不适、外伤等问题的对症处理,如药物治疗等。

(2) 放松技术:呼吸放松、肌肉放松等。

(3) 自我减压:规律饮食、睡眠充足、彼此提醒。

(4) 主动与家人及朋友加强联系,获得支持与鼓励。

(5) 必要时寻求专业帮助或治疗,如精神专科(门诊或住院)心理及药物治疗。

【注意事项】

1. 照料者的反应也会影响儿童,尽量不要在儿童面前表现出过度恐惧、焦虑等情绪和行为,并及时处理自己的压力和调整情绪。

2. 照料者应避免忽略对儿童的关心与支持,也不要过度保护或过多限制儿童的活动,应给儿童积极的影响。

3. 照料者应充分考虑儿童对媒体报道的不同反应,并给予适当引导。

参考文献

[1] Beyerlein S, Beyerlein M, Johnson D. Psychological first aid field operations guide. 2nd Edition. [J]. National Child Traumatic Stress Network, 2006, 33 (7): 391-395.

[2] Psychosocial support for children in emergencies: a training manual and toolkit for professionals, by Unicef Jamaica, Jamaica Red Cross & ODPEM. [2019-05-23] [2020-8-09] http://www.unicef.org/jamaica/resources_17748.htm.